思维导图
说二十四节气

李超◎编著
袁浩◎绘

北京理工大学出版社
BEIJING INSTITUTE OF TECHNOLOGY PRESS

图书在版编目（CIP）数据

思维导图说二十四节气 / 李超编著；袁浩绘. —北京：北京理工大学出版社，2020.8
（2023.7重印）

ISBN 978-7-5682-8472-1

Ⅰ.①思… Ⅱ.①李… ②袁… Ⅲ.①二十四节气—少儿读物 Ⅳ.①P462-49

中国版本图书馆CIP数据核字（2020）第086388号

出版发行 / 北京理工大学出版社有限责任公司

社　　址 / 北京市海淀区中关村南大街 5 号

邮　　编 / 100081

电　　话 / （010）68914775（总编室）

　　　　　　（010）82562903（教材售后服务热线）

　　　　　　（010）68948351（其他图书服务热线）

网　　址 / http://www.bitpress.com.cn

经　　销 / 全国各地新华书店

印　　刷 / 三河市宏图印务有限公司

开　　本 / 787 毫米 × 1200 毫米　　1/24

印　　张 / 9　　　　　　　　　　　　　　　　　　　　　　责任编辑 / 徐艳君

字　　数 / 115千字　　　　　　　　　　　　　　　　　　文案编辑 / 徐艳君

版　　次 / 2020 年 8 月第 1 版　　2023 年 7 月第 4 次印刷　　责任校对 / 刘亚男

定　　价 / 56.00元　　　　　　　　　　　　　　　　　　责任印制 / 施胜娟

二十四节气——中国的"第五大发明"

> 春雨惊春清谷天，夏满芒夏暑相连；
>
> 秋处露秋寒霜降，冬雪雪冬小大寒。
>
> 每月两节不变更，最多相差一两天；
>
> 上半年来六廿一，下半年是八廿三。

一首朗朗上口的《二十四节气歌》，道尽了二十四节气的主要气候特征，也浓缩了我国人民在一年四季中"适时而动"的历史文化精华。

二十四节气是指我国数千年传承下来的干支历中表示季节、物候、气候变化以及确立"十二月建"的特定节令，分为春季的立春、雨水、惊蛰、春分、清明、谷雨，夏季的立夏、小满、芒种、夏至、小暑、大暑，秋季的立秋、处暑、白露、秋分、寒露、霜降，冬季的立冬、小雪、大雪、冬至、小寒、大寒。

数千年来，二十四节气的日期计算经过了数次变化。在古时候，二十四节气的日期是以天上的北斗七星旋转运行的方位来确定，每旋转一周，就是一个节气周期，以立春开始，一直到大寒。现在则采用"定气法"划分节气，就是将太阳在地球一周年运动的轨迹按360°的圆周划分为二十四等份，每一等份为15°，每一个节气分别对应于地球在黄道上的运行位置，再对应到现今的公历的特定日子上，节气之间因此也相隔15°。

别看这小小的15°，每一个等份就代表一个节气，而不同的节气的气候、物候等方面都会按规律产生明显的变化，直接影响着我们的衣食住行，并产生出许多风俗习惯来。

二十四节气蕴含着中华民族悠久的文化内涵和历史沉淀，表达了人与自然在天地间的亲密关系，被誉为"中国的第五大发明"，并于2016年被正式列入联合国教科文组织的《人类非物质文化遗产代表作名录》中。作为传统文化的精华，我们有必要去学习和认识这个老祖宗传授给我们的文明瑰宝。

下面，我们就翻开这本书，来认识二十四节气吧！

李超

当下最流行的思维工具——思维导图

　　"二十四节气"和"思维导图"，这两个词看似没有什么关联，其实却是一种很好的结合。为了让大家清楚思维导图的每个部分叫什么，每一部分是怎么画出来的，我先来给大家介绍一下这个当下最流行的思维工具——思维导图的结构。

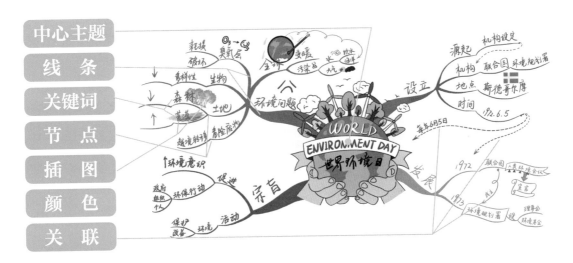

其实思维导图非常简单，总共包含7个要素。其中，每一张思维导图都会有一个中心主题。这张思维导图上所有的内容都是围绕着这个主题展开的。因为这个主题非常重要，所以我们通常会用一个最明显的图案表达主题。

这个图案有什么用呢？第一，可以让我们在大量的思维导图中快速找到它，就像下面这张截图。这里有很多张思维导图，在缩略图的情况下，我们也能快速找到我最想要的那一个，就是因为有着非常清晰、醒目的中心图。

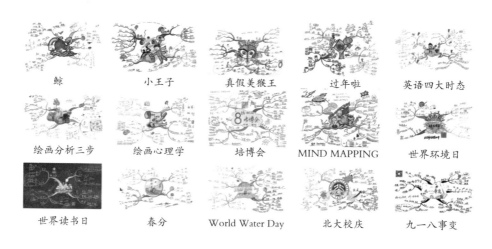

鲸 小王子 真假美猴王 过年啦 英语四大时态

绘画分析三步 绘画心理学 培博会 MIND MAPPING 世界环境日

世界读书日 春分 World Water Day 北大校庆 九一八事变

第二，给一点时间沉浸在中心主题的绘制过程，实际上也是让我们多一点时间思考这个主题。思考我们绘制这张思维导图的目的——我们到底要画什么，我们画给谁看，我们要画成怎样的方式，等等。

第三，突出的中心主题，能够刺激大脑时刻关注着这个关键点，让我们的思考不

"溜号"，不跑题。

中心图绘制的过程一般按照如下步骤：

在横放的纸张上，找到中心位置，绘制你大脑中所想到的一个图案。这张思维导图我要绘制的是"世界环境日"。保护环境是什么样的画面呢？我想到的是一双手托起地球。

紧接着，根据需求，我们陆续完善中心主题，画成中心图。一般的中心图由三部分组成：

一、直指核心的图案。这个图案不一定要精致，也不要求必须多么漂亮，但是要能够表达这张思维导图的主题内容。

二、说明核心的文字。这张思维导图画的是什么，要把文字写在中心图上。

三、要有3种以上的颜色。颜色是为了更加凸显、增强辨识度。

思维导图的第二个重要的部分是线条。线条有两种：一种是紧连着中心主题的粗线条，我们也叫它主干；另一种是主干之后的细线条，我们叫它分支。那么如何画，如何看呢？

通常，在一张思维导图中，第一根线条默认为右上角的那一个，大约2点钟的方向。然后沿着顺时针的顺序绘制或者阅读。

绘制主干的时候，先画出轮廓，里边可以涂实颜色，也可以画一些小花纹，这个不做统一要求。然后画一条线，就在一条线上写好对应的关键词。关键词的颜色和线条的颜色最好一致，这样画起来不用来回换笔，比较节省时间，像下面五个小图这样。

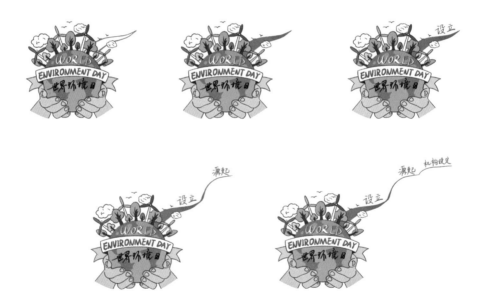

当第一个小分支下的内容（源起）全部画完后，再画第二个小分支下的内容（机构），然后第二个画完之后，再画第三个小分支（地点），以此类推。不可以一次把线条都画完之后再写文字，因为这样非常容易出现错误，并且不好更正。

第三个重要结构就是关键词了，也就是这些线条上的文字。值得一提的是，这些文字都是词语，是一句话中最重要的几个词，而不是把整句话都写进去。

第四个部分，是节点。节点是什么呢？它们是线与线的交点。我们通常是通过节点和线条的组合来判断逻辑关系的，比如递进、总分、并列等。

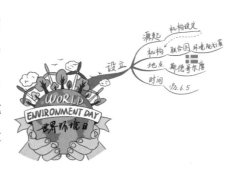

比如这里的"设立"与"时间""地点"等就是总分关系，"时间"与"地点"就是并列关系，"设立""时间""1972.6.5"就是递进关系。

按照内容逻辑和要求，我们陆续画完这张思维导图的文字部分。步骤如下：

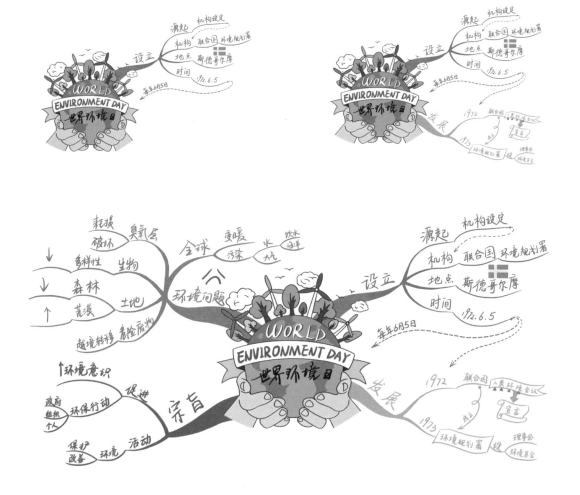

　　此外，思维导图还有三个要素是插图、颜色、关联。但是这三个要素不是每一张思维导图都必须有的。

　　插图就是除中心主题之外的所有图像了，它们的作用是提示重要的信息，让我们产生回忆联想。不重要的地方，或者没有回忆需求的时候，是可以不画插图的。但是说回来，有插图的思维导图更利于我们记忆。

　　比如这张"世界环境日"思维导图，让孩子们正视环境问题、提高保护环境的意识更为重要，所以相比第四板块的"环境问题"来说，世界环境日的设立过程、发展过程、设立宗旨就都没有那么重要了。根据这个需求，在第四板块增加了一些插图。

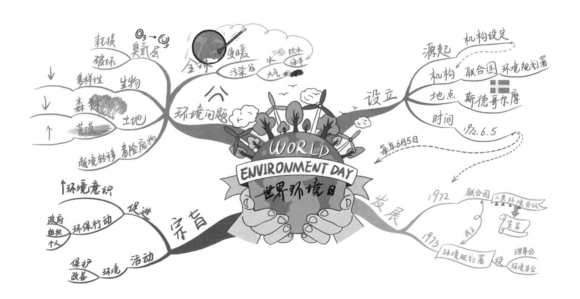

颜色指的是每一个区域有自己的颜色。我们看前面"世界环境日"那张思维导图，每个大板块都有自己的颜色。相邻板块用对比鲜明的颜色区分，也是为了能够更快速地对所画的内容理解、分类、记忆。

关联指的是在思维导图当中，有一些游离在外边的线条。这些线条和中心图并不连在一起，它的两端可能指向两个关键词，或者插图。这样的线，是表明这两部分的内容有关联。比如"世界环境日"思维导图中，第一板块的"时间"下，表示的是这个节日设立的时间是1972年6月5日，但并不是只有这一天才是，而是"每年的6月5日都是世界环境日"，这句话写上去会有点长，并且没有合适的位置，可以通过一个箭头加上解说，指向"世界环境日"。

再比如第二部分"发展"中，1973年联合国成立环境规划署，这个"环境规划署"与上方的"联合国"有紧密的联系，需要用这样的关联线标注一下。

关联信息可以是用线条连接的，也可以是用一模一样的插图来表示。

思维导图只是一种思维工具，并没有标准答案。书中给到的导图只是其中的一种形式。比如读到相同的内容，不同人的脑海中可能会呈现不同的画面，所以小朋友们不用拘泥，可以充分发挥自己的想象力，画出自己心中的思维导图。希望这种思维工具可以帮助你在今后的学习中事半功倍。

袁浩

目录
contents

春季篇

春雨惊春清谷天

立春、雨水、惊蛰、春分、清明、谷雨

立春

"啃春"的故事

在我国一些农村里，流行着一个叫"啃春"的习俗，这个"啃"指的是啃萝卜，那么为什么要把啃食萝卜称为"啃春"呢？这里有一个传奇的故事。

话说在一年立春临近之时，有一个村子突然流行起一种怪病来，得病的人们就像喝醉酒一样，一个个只觉得头重脚轻，浑身无力。为此，村民们都很恐慌，但又找不到治愈的办法。

到了立春的前一天，有一位道士来到此地，当他经过村子时，发现整个村子安安静静的，连一个人影也没有。道士感到很奇怪，于是来到一户人家门前，从虚掩的大门中观望到屋子里躺着几口人，看样子已经奄奄一息了。道士连忙进屋询问，其中一个人强撑着病体，断断续续地将怪病蔓延的事告诉道士。

接着，道士又拜访了好几户人家，发现情况都跟第一户人家的一模一样。为了解开病因，道士急忙赶回道观，向他的师傅求助。精通医术的师傅听了徒弟的一番叙述后，略一沉思，心里就已经有了底，于是吩咐道："你快到后院去刨出足够全村人吃的萝卜，带回村子，然后拔一根鸡毛插在地上，如果鸡毛动了起来，就是地气通了，这时你再把萝卜送给村民们吃，他们的病就会好的。"

道士谨记着师傅的吩咐，背着一袋子萝卜连夜赶回村子，当他到达村子的时候，已经是第二天的清晨了。刻不容缓，道士随即从村子里找来一只芦花鸡，拔下几根鸡毛插在地上。

过了一会儿，插在地上的鸡毛突然动了起来，道士惊喜地喊道："地气通了！"说完，他赶紧挨家挨户地给村民们发放萝卜，吩咐他们尽快咽下去。说来还真神奇，村民们吃了萝卜以后，病情渐渐好了起来，并很快就痊愈了。

没过多久，怪病就完全从这个村子消失了，村民们又过上了安乐的日子，但大伙儿不会忘记这位道士，更不会忘记救命的萝卜。从此，每到立春时节，大伙儿总会啃起萝卜来，以求身体健康，并称之为"啃春"。"啃春"的习俗也就这样传开了。

绘制思维导图第一部分

关于立春的传说——"啃春"的故事

节气小百科

立春，又名正月节、立春节、岁首、岁旦，是一年中二十四节气之始，立春的立就是"开始"的意思，所以立春也意味着春天的开始。

立春是二十四节气中的第一个节气，也是春季六个节气中的第一个。远古时代的人们就发现，每当北斗星的斗柄指向寅位的初春时分，气候就会开始逐渐温暖起来，所以就定这个时节为立春。现行的"定气法"以太阳到达黄经315°时为立春。到了现代，人们则将立春定为每年公历的2月3日—5日中的一天。

绘制思维导图第二部分

节气小百科

立春时节的生物变化

在我国古时候，人们按照生物变化的规律，将立春分为"三候"：

> 一候东风解冻；二候蛰虫始振；三候鱼陆负冰。

从立春之日开始，温暖的东风吹来，大地开始解冻；接着，蛰居在洞穴里的虫子开始苏醒过来，四处活动；然后，随着江河上的冰面逐渐融化，鱼儿开始冲破残留的冰块，陆续游到水面上来，远远看上去，就像鱼儿背负着冰块似的。

立春时节，随着大地解冻，各种动物和植物渐渐活跃起来，许多从冬眠中苏醒的动物还会带着它们在冬眠期间生下来的幼崽走出洞穴，使大自然充满勃勃生机。由于许多生物都是在春天的到来之际刚刚出生，所以尚显稚嫩，就如一些文人笔下所叙述的植物"嫩于金色软于丝"的萌芽那样，但这并不阻碍生命的顽强，就如草原上的小草那样，春风吹又生。

绘制思维导图第三部分

立春时节的生物变化

立春时节的习俗

（1）立春祭。立春祭是一个从古代流传下来的文化习俗，"祭"指的就是祭祀，祭祀的对象包括春神、太岁、土地等神话传说中主宰世间万物的众神。有的地方的民众还会在这一天抬着这些神仙的塑像游行，祈求在新的一年中风调雨顺。

（2）迎春。迎春是立春时节最重要的风俗活动之一，自3000多年前的周代就已经盛行，活动之前还要进行预演，以示郑重。到了立春前一天，每家每户的男女老少都会打扮得漂漂亮亮的，一起参加迎春会，目的是要把句芒神——也就是春神给迎回家中，以保佑全家一年平平安安。

（3）打春。打春指的是打春牛，而所打的也不是真牛，而是用土做成的土牛。我国自古以来就是一个农业大国，而牛作为重要劳动力，一直在农事中占有非同寻常的位置。在立春期间，人们将土牛立好，然后轮番用鞭子抽打，直至把土牛打得稀烂，意思是打去春牛的懒惰，以祈求风调雨顺，五谷丰登。

（4）咬春。咬春所"咬"的东西是春盘、春饼、春卷、萝卜等立春应节食品，除了自己"咬"，亲朋好友之间还会互相赠送这些食品，以表达自己对别人的美好祝福。

绘制思维导图第四部分

立春时节的习俗

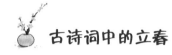 古诗词中的立春

《咏柳》 贺知章 唐
《汉宫春·立春》辛弃疾 宋

诗词

咏柳（唐·贺知章）

碧玉①妆②成一树高，万条垂下绿丝绦③。

不知细叶谁裁④出，二月春风似⑤剪刀。

【注释】①碧玉：碧绿的玉石，这里用来形容嫩绿的柳叶。②妆：打扮。③绦：丝带，这里用来形容像丝带一样的柳条。④裁：裁剪。⑤似：好像。

汉宫春·立春（宋·辛弃疾）

春已归来，看美人头上，袅袅春幡。

无端①风雨，未肯收尽余寒。

年时燕子，料今宵梦到西园。

浑②未办，黄柑荐③酒，更传青韭堆盘④？

却笑东风，从此便薰梅染柳，更没些闲。

闲时又来镜里，转变朱颜。

清愁不断，问何人会解连环？

生怕⑤见花开花落，朝来塞雁⑥先还。

【注释】①无端：平白无故。②浑：全然。③荐：辅佐，这里指的是

绘制思维导图第五部分

古诗词中的立春

用来下酒的意思。④青韭堆盘：五辛盘，指的是以葱、蒜、韭菜等带有刺激味道的蔬菜制作的菜肴。⑤生怕：只怕。⑥塞雁：从塞北归来的大雁。

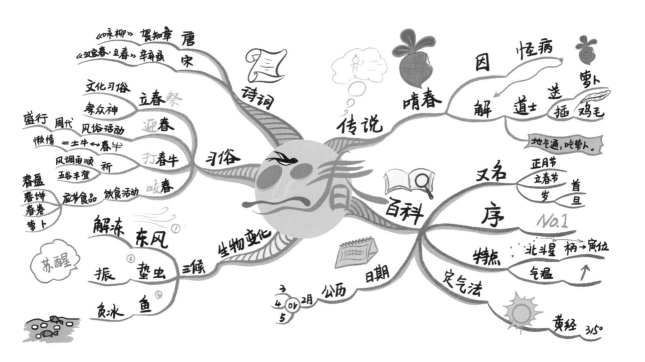

立春

———

完整思维导图

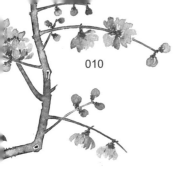

画出属于你的思维导图

　　每个人心中的思维导图都不一样，小朋友们，发挥你的想象力，画出你心中的思维导图吧！

雨水

雨师赤松子的故事

传说在远古时期发生了一场罕见的旱灾，一连数月竟然滴雨未下，干旱使江河里的水干涸，田里的庄稼枯萎，人和动物也快要渴死了。当时的部落首领是炎帝，他目睹这种情景，急得像热锅上的蚂蚁，但又无计可施。

这时，突然有一个浑身上下脏兮兮的人跑来，对炎帝说："我叫赤松子，曾经跟着神仙学会了布雨的本领，现在天下大旱，我前来降雨拯救苍生。"

炎帝听了喜出望外，连忙请他展示本领。只见赤松子服下仙药，化作一条红色的龙飞上天空，霎时间，天空乌云密布，紧接着大雨倾盆。地上的万物得到了救命的雨水滋养，起死回生，恢复了生机。

炎帝非常高兴，于是封赤松子为雨师，专管布雨一职。赤松子当上大官以后，渐渐滋生了骄奢淫逸的习气，时常玩忽职守。例如有一次，他不辞而别，跑到天上玩了好长一段时间，恰好那段时间又发生了旱灾，等赤松子从天上回来时，地上已经干旱了好几个月。但炎帝也对他无可奈何。

后来，另一个部落首领黄帝强大起来，打败了炎帝，成为天下的新霸主。炎帝的老部下——九黎族的首领蚩尤不服，带兵反抗黄帝，赤松子也带着一个会施风的朋友飞廉加入蚩尤的队伍中，双方就在一个叫涿鹿的地方爆发了大战。

战斗中，赤松子又化作一条红色的龙，而飞廉也变成一只鹿，两者一起施展法术。一时间天昏地暗、大雾弥漫、飞沙走石，紧接着，狂风暴雨就像万千把尖刀利剑，对着黄帝的阵营狂泻下来。黄帝的军队猝不及防，立马被风雨打得晕头转向，分不出东南西北，蚩尤军队趁势发起进攻，把黄帝的军队杀得丢盔弃甲，横尸遍野。

黄帝急忙下令撤退，一直退到泰山上，一面修整，一面召开军事会议，商讨破解赤松子和飞廉法术的办法。经过三天三夜的讨论，大家终于设计出一种能够指明方向的司南车。

于是，黄帝再次率军下山迎战蚩尤，赤松子和飞廉也配合着蚩尤的大军再次出来呼风唤雨。可是这次黄帝依靠司南车，始终不会迷失方向，双方的战斗渐渐进入胶着状态，不分胜负。黄帝看准时机，抬出一面用神牛的皮制成的战鼓，又拿起用神牛的骨头制成的鼓槌擂响战鼓。只听擂一下，惊天动地；再擂一下，天崩地裂。鼓声吓得赤松子和飞廉魂飞魄散，赶紧逃离战场。

绘制思维导图第一部分

关于雨水的传说——雨师
赤松子的故事

失去了赤松子等人的帮助，后劲不足的蚩尤也被黄帝打得落荒而逃，黄帝紧紧追赶，最终抓住并处死了蚩尤，而赤松子和飞廉也被活捉。

考虑到赤松子以前对天下苍生的贡献，黄帝赦免了他，重新封他为雨师，还封飞廉为风伯，命令他们一起继续为民造福。

赤松子和飞廉非常感激黄帝的宽宏大量，从此以后就改掉了骄奢淫逸的恶习，及时地遵守节气规律施风布雨。所以在每年的雨水时节，就是赤松子施展本领的时候，在他适当的布雨下，世间重新恢复了风调雨顺的景象。

节气小百科

在生活中，雨水是一个自然物的名词，如果将它比作一种气候特征，则专指一个多雨的节气。

雨水是二十四节气之中的第二个节气，也是春季六个节气中的第二个。当立春过后，

绘制思维导图第二部分

节气小百科

气温不断上升，伴随着冰雪消融，降雨量也持续增多，所以从远古时代开始，人们就定这个时节为雨水。现行的"定气法"以太阳到达黄经330°时为雨水。到了现代，人们则将雨水定为每年公历的2月18日—20日中的一天。

雨水时节的生物变化

在我国古时候，人们按照生物变化的规律，将雨水分为"三候"：

一候獭祭鱼；二候鸿雁来；
三候草木萌动。

雨水时节，水獭开始下河捕鱼了，它们有一个有趣的习性，就是将捕获的鱼在岸上一字排开，看上去就像在"拜祭"上天，感谢大自然恩赐给它们如此美味的食物；接下来，大雁也开始从南方飞回遥远的北方故乡；然后，花草树木的嫩苗也纷纷破土而出，使绿意渐渐填满了这个春天。

雨水时节所带来的不仅是雨水，更是万物的生机。通过雨水的滋养，许多植物进入返青的阶段。动物们食物增加，也开始频繁活动。

绘制思维导图第三部分

雨水时节的生物变化

雨水时节的习俗

（1）拉保保。在一些地方，有一个风趣搞怪的习俗叫"拉保保"。所谓的"保保"，指的是干爹的意思，在这些地方的人们眼里，在雨水时节拉干爹，有"雨露滋润易生长"的好兆头。在这一天，父母们拉上自己的儿女在人群中寻找"干爹"，一旦相中，就会让孩子相认，这时，被相中的人往往会爽快答应，让彼此都能带来好运气。

（2）接寿。在雨水时节，一些地方的女婿会去给岳父和岳母送礼，称之为"接寿"。礼品一般是两把藤椅，上面缠着长长的红绸带，寓意是祝福岳父和岳母长命百岁，并感谢他们将辛辛苦苦养育成人的女儿嫁给他。如果是新婚期间，岳父和岳母还会回赠女婿雨伞，以此祝愿女婿的生活一帆风顺，幸福美满。

（3）占稻色。占稻色就是通过爆炒糯米来查看其"成色"，以此断定当年谷物是否能丰收。"成色"的好坏，取决于爆炒出来的糯米花数量，糯米花的数量越多，则意喻着当年的收成越好。

绘制思维导图第四部分
———
雨水时节的习俗

（4）回娘家。在我国西部一带，出嫁的女儿会在雨水这天回娘家探望父母，并带去节日的礼物。女儿要送给母亲炖猪蹄、鸡汤，以表达对父母将其养大成人的感恩之情。

 古诗词中的雨水

初春小雨（唐·韩愈）

天街①小雨润如酥②，草色遥看近却无。

最是③一年春好处④，绝胜⑤烟柳满⑥皇都⑦。

【注释】①天街：京城的街道。②润如酥：细腻得就像酥油一样。③最是：正好是。④处：时候。⑤绝胜：绝美的。⑥满：布满。⑦皇都：皇帝所在的首都，即唐朝首都长安。

临安春雨初霁①（宋·陆游）

世味②年来薄似纱，谁令骑马客③京华④。

小楼一夜听春雨，深巷明朝卖杏花。

矮纸⑤斜行⑥闲作草⑦，晴窗⑧细乳⑨戏⑩分茶。

素衣⑪莫起风尘叹，犹及清明可到家。

【注释】①霁：雨停之后。②世味：人情世故。③客：做客。④京华：京城。⑤矮纸：短小的纸张。⑥斜行：歪歪斜斜地书写。⑦草：潦草的字体。⑧晴窗：晴朗明亮的窗户。⑨细乳：沏茶时呈现的白色小泡沫。⑩戏：尝试。⑪素衣：白色的衣服，意指普通人，这里用作自己的谦虚代称。

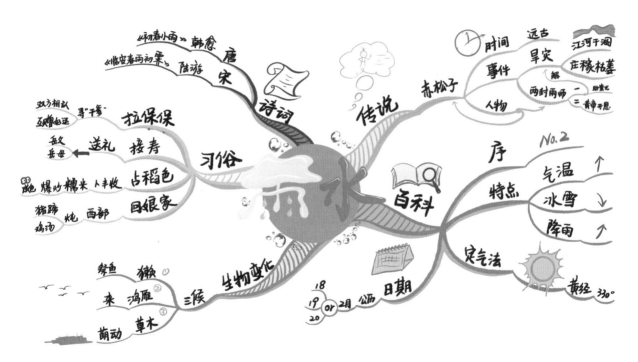

雨水
————
完整思维导图

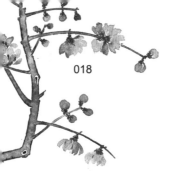

画出属于你的思维导图

每个人心中的思维导图都不一样，小朋友们，发挥你的想象力，画出你心中的思维导图吧！

惊蛰

惊蛰吃梨的故事

在我国北方的民间有一个"惊蛰吃梨"的习俗，梨在现今是一种非常普通的水果，为什么会选在惊蛰这天吃呢？下面就为大家讲一个相关的励志故事。

传说在明朝初年，山西上党的长子县有一个叫渠济的商人，他经商最看重的就是信义，不仅以身作则，还将两个儿子取名为渠信、渠义，希望后代能够一直谨遵他的信念。

上党盛产梨和麻，渠济就带着两个儿子，将家乡的这两种特产运到祁县贩卖，然后将所得银两购买当地的粗布和红枣，再运回家乡贩卖。如此日复一日，年复一年，凭着渠济父子的勤劳和信义，家业是越做越大。后来，渠济干脆在祁县县城里购置房产，然后举家迁徙过来。虽然家业大了，但渠济仍旧时时刻刻教诲后辈要牢牢谨遵信义二字。

就这样过了数百年，渠家世世代代一直靠着经商来光大家业，直至传到了第十四代的渠百川手中。这个渠百川可是个非常聪明的人物，他不满足于往返各地经商致富，干脆利用家里积累的财富，开了一家票号。

所谓的票号，类似于现在的银行。渠百川靠着这间票号将货物和钱财买进卖出，可谓生意兴隆，财源滚滚，以至于后来发生战事，朝廷调拨军饷，也通过渠家的票号来调度。

但是，就在渠家的票号生意越做越大之时，也引来了许多同行，甚至是朝廷官员的嫉妒，他们联起手来，打压渠家的票号，一时间竟然将渠家票号逼到了倒闭的边缘。

就在渠百川一筹莫展之际，他"退休"多年的老父亲来了，见到儿子愁眉苦脸的模样，只是微微一笑，递给他一个梨。渠百川狐疑地看了看父亲手中的梨，又抬头看了看父亲，只听父亲对他说："你先把这个梨吃下去。"

虽然弄不清楚父亲葫芦里卖的是什么药，但渠百川还是遵照吩咐，将梨吃了。见儿子吃完了梨，父亲这才语重心长地对他说："我们的先祖就是靠着贩梨创业，几百年来，历经千辛万苦，好不容易才有了这么一份家业，讲的就是信、义两字，今天要你吃梨，就是要你不忘先祖的艰辛，努力创业，遇到困难就要冷静分析，不畏艰难，不要害怕挫折，用信、义去实现你的抱负。"

渠百川点点头，振作起来，当天就告别了父亲，前往各地去寻找解决票号面临倒

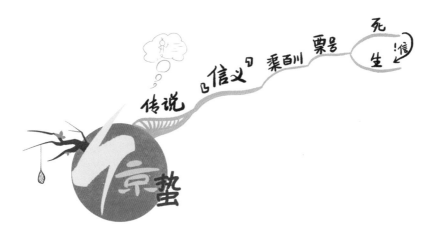

绘制思维导图第一部分

关于惊蛰的传说——惊蛰
吃梨的故事

闭的办法。凭着讲信用、讲仁义的原则，他逐渐得到了客户的信赖，使票号起死回生，并继续做大做强。

相传渠百川听从父亲教诲的这一天就是惊蛰，后来许多经商者都效仿渠百川，在惊蛰这天吃梨，既有离家创业的意思，也为自己能够经商致富添上一份吉利的好兆头。

节气小百科

惊蛰又称作"启蛰"，是二十四节气之中的第三个节气，也是春季六个节气中的第三个。这时候已经是仲春时分，暖和的天气，充足的雨水，引发春雷阵阵，惊醒仍旧蛰伏于地下的昆虫，所以从远古时代开始，人们就定这个时节为惊蛰。现行的"定气法"以太阳到达黄经345°时为惊蛰。到了现代，人们则将惊蛰定为每年公历的3月5日或6日中的一天。

绘制思维导图第二部分

节气小百科

"春雷惊百虫"，惊蛰的雷声不仅惊醒了冬眠的蛰虫，也唤醒了更多生命的复苏，如果说之前的立春、雨水时节拉开了春天的序幕，惊蛰则是完完全全地将春天里万物的生命力展现在这个世上。

惊蛰时节的生物变化

在我国古时候，人们按照生物变化的规律，将惊蛰分为"三候"：

一候桃始华；二候仓庚鸣；
三候鹰化为鸠。

惊蛰时节，桃花开始绽放，代指果树进入开花期；仓庚就是黄鹂，"两个黄鹂

鸣翠柳"，鸟语花香间，春意盎然；这时候，就连类似于鹰隼之类的猛禽也像布谷鸟等较为温顺的鸟儿一样，忙着繁殖后代。

惊蛰时节，温度上升，冬眠的小动物们都开始出来活动。

绘制思维导图第三部分

惊蛰时节的生物变化

惊蛰时节的习俗

（1）祭白虎。在我国的民间传说中，白虎是口舌是非之神，一旦开口，就会出语伤人，丝毫不亚于老虎吃人。传说每到惊蛰这一天，白虎就会出来伤害人类，为了自保，人们就流行起祭祀白虎的风俗。祭祀时，先在纸上绘出一只白虎的形象，特意将虎口画得大大的，然后在虎口上抹上猪血，意思就是白虎喝了猪血后，心满意足，不会再出口伤人了，也隐喻不再张口说人是非。

（2）吃梨。我国北方的民间有"惊蛰吃梨"的习俗，梨隐喻"离"，在春意盎然的惊蛰时节，吃梨有离开家庭，出外打拼一番事业的意思。

（3）蒙鼓皮。惊蛰时节，春雷滚滚，古人们想象这是雷神在大显神威，为了应和雷神，人们也拿起鼓槌，将大鼓敲得咚咚作响，称之为"蒙鼓皮"。蒙鼓皮的习俗也表达了人们像听到春雷而惊醒的昆虫一样，振作起来，顺应时节进行劳作。

（4）打小人。惊蛰是百虫苏醒的时节，但对于害虫来说，人们则表现出万分的厌恶，平时遇到害虫，人们往往是一个反应——打！结果打来打去，却"打"出了"打小人"这个习俗来。在惊蛰这一天，人们拿着棍棒，拍打用纸剪裁出的小纸人，一边打，还一边念念有词，宣泄内心

绘制思维导图第四部分

惊蛰时节的习俗

的抑郁之气。

 古诗词中的惊蛰

《春晴泛舟》 陆游

《秦楼月·浮云集》 范成大

宋

古诗词

惊蛰

春晴泛舟（宋·陆游）

儿童莫笑是陈人①，湖海春回发②兴新。

雷动风行惊蛰户，天开地辟转鸿钧③。

鳞鳞江色涨石黛④，嫋嫋⑤柳丝摇麹尘⑥。

欲上兰亭却回棹⑦，笑谈终觉愧清真⑧。

【注释】①陈人：故人。②发：诞生。③鸿钧：这里指大自然。④黛：黑色，这里指江中的石头被水浸湿后显现出黑色。⑤嫋嫋：即袅袅，指缭绕飘逸。⑥麹尘：柳条。⑦回棹：调转船头。⑧清真：这里指的是清丽真实的景色。

秦楼月·浮云集①（宋·范成大）

浮云集，轻雷隐隐初惊蛰。

初惊蛰，鹁鸠②鸣怒，绿杨风急。

玉炉烟重香罗③浥④，拂墙浓杏燕支湿。

燕支⑤湿，花梢缺处，画楼人立。

绘制思维导图第五部分

古诗词中的惊蛰

【注释】①集：集中。②鹁鸠：一种鸟类，在即将下雨的时候会发出急切的鸣叫。③香罗：绫罗，这里指的是身上的丝绸衣服。④浥：湿润。⑤燕支：胭脂，这里指可用来制作胭脂的花。

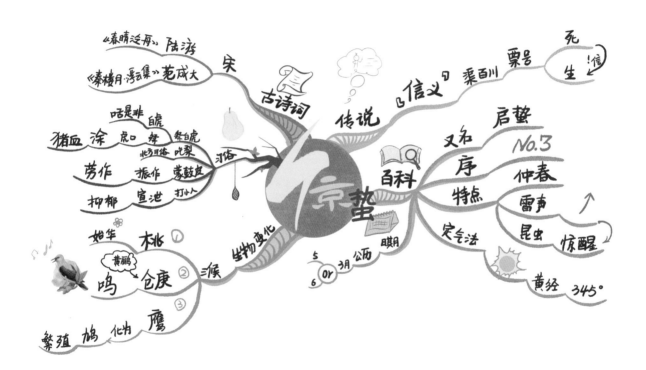

惊蛰

完整思维导图

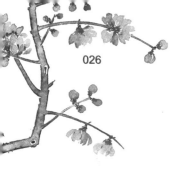

画出属于你的思维导图

每个人心中的思维导图都不一样，小朋友们，发挥你的想象力，画出你心中的思维导图吧！

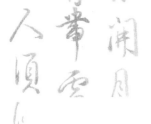

春分

寻找太阳的故事

传说在远古时期，有一位深爱人民的部落首领叫炎帝，为了让老百姓能够丰衣足食，他特意向上天祈求降下五谷的种子来给人们耕种。于是，上天就派一只浑身火红的神鸟下凡，把种子送到炎帝手里。

炎帝一收到种子，就立马把种子分发给黎民百姓。可是当人们高高兴兴地把种子种下之后，过了很长一段时间，却仍旧不见谷物发芽。眼看就要错过农时了，炎帝急忙再次祷告上天，询问五谷为什么不能生长。

上天又派神鸟下来告诉炎帝，这是因为太阳躲在一个叫蓬莱的小岛上睡着了，谷物得不到足够的阳光，所以不能发芽，只有在春分那一天，骑上神鸟去蓬莱小岛把太阳唤醒，将它重新请到天上，才能使谷物得到阳光的滋养，生根发芽。

炎帝决定亲自去找太阳，到了春分这一天，他骑上神鸟，飞越波涛汹涌的大海，历经千辛万苦，才来到了蓬莱小岛。找到太阳后，炎帝把它紧紧抱在怀里，在神鸟的背负下，飞到天上，将太阳重新挂在空中，一时间，阳光再次普照在大地上。

谷物得到阳光之后，终于吐出了新芽，到了收获的季节，五谷丰登，老百姓们终于能够吃上饱饭了。

为了感谢炎帝找回了太阳，使大家能够丰衣足食，所以每到春分这一天，人们都

会朝着太阳的方向祭拜，以纪念炎帝。而有的地方，甚至将炎帝尊
为太阳神。

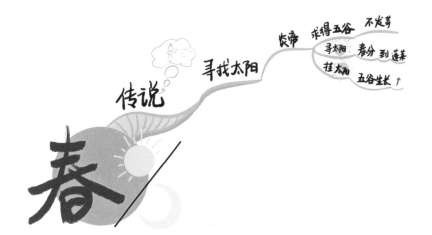

绘制思维导图第一部分

关于春分的传说——寻找
太阳的故事

节气小百科

　　春分又称为"仲春之月"，是二十四节气中的第四个节气，也
是春季六个节气中的第四个。现行的"定气法"以太阳到达黄经0°
时为春分，也就是天上北斗七星旋转运行的一周之始。到了现代，
人们则将春分定为每年公历的3月20日或21日中的一天。

　　春分之所以被称为"仲春之月"，是因为春分刚好处于春季的

正中日期里，而且在春分时节的一天时间内，白天和黑夜刚好平分，各为十二小时。所以春分又被称为"日中""日夜分"。

绘制思维导图第二部分

节气小百科

春分时节的生物变化

在我国古时候，人们按照生物变化的规律，将春分分为"三候"：

一候元鸟至；二候雷乃发声；三候始电。

春分时节，天气转暖，被称作"元鸟"的燕子从南方飞回来了；接着，天上时常响起阵阵的春雷，意思就是春分时节的降雨量还是比较充沛的；而春雷所引发的闪电时常闪耀天空，也借喻雨量有时会比较大。

在春分时期，一天的白天和黑夜的时间各占一半，所以春分时节的温度可以用恰到好处来形容。正因为如此，各种动物在经历了漫长冬夜的蛰伏和初春的复苏、调整后，现在都比较活跃，许多初春出生的动物幼崽已经长到半大，开始学会觅食、捕猎、防卫等生存本领，甚至可以脱离母兽而独立生活；而大部分植物经历了初春时期的发芽和复苏后，这时候也继续快速成长。

春分所带的习俗

（1）春祭。春祭是仲春季节最重要的一个典礼，自古以来，上至皇亲贵族，下至黎民百姓，都要在春分这一天进行扫墓祭祖，因为是春天的祭祀活动，所以就叫春祭。

（2）祭日。仲春时节，阳光明媚，万物兴盛，所以为了感谢太阳，在春分时节还有祭日活动。在古代，祭日需要皇帝亲自主持，以示庄重，礼仪也非常烦琐；而在民间，老百姓们也以自己的各种方式

绘制思维导图第三部分

春分时节的生物变化

祭祀太阳，以祈求太阳能带来五谷丰登的好年景。

（3）竖蛋。竖蛋是春分时节一个非常有趣的风俗游戏，游戏规则就是大家一起拿着鸡蛋比赛，看看谁能够将鸡蛋竖立起来。竖蛋游戏由于非常有趣，所以很快传播到世界各地，让全世界的人们都见识到这个中国的传统游戏。

（4）吃春菜。在我国南方的一些地区，盛行春分吃春菜的习俗。所谓的"春菜"，指的是一种野生的苋菜，春分这天，人们纷纷出外，将苋菜采摘回来，跟鱼肉一起熬出一锅"春汤"。"春汤"具有很高的营养价值，所谓"春汤灌脏，洗涤肝肠；阖家老少，平安健康"。人们喝了"春汤"后，不仅身体好，也祈求到了家庭和乐、身强体壮的好运气。

（5）粘雀子嘴。春分时节，庄稼长得旺，而吃庄稼的麻雀也吃得欢。于是在这一天，许多人家在吃汤圆的时候，在人吃的有馅汤圆外，再包上数十个不含馅的，煮好后就用竹篾扦着，放置在田边，麻雀飞来吃庄稼时，如果一时嘴馋，啄食这些汤圆，就会被粘住嘴，使它们不能再偷吃庄稼，这就是所谓的"粘雀子嘴"。

绘制思维导图第四部分

春分时节的习俗

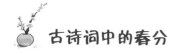 古诗词中的春分

踏莎行（宋·欧阳修）

雨霁①风光，春分天气。

千花百卉争明媚。

画梁②新燕一双双，玉笼③鹦鹉愁孤睡④。

薜荔⑤依墙，莓苔⑥满地。

青楼⑦几处歌声丽。

蓦然旧事心上来，无言敛皱眉山⑧翠。

【注释】①雨霁：雨停之后。②画梁：绘有图画的房梁。③玉笼：用玉装饰的鸟笼，这里指精美的鸟笼。④愁孤睡：愁苦孤单地昏昏入睡，这里特指寂寞无聊。⑤薜荔：一种常绿藤本植物。⑥莓苔：青苔。⑦青楼：这里代指古时娱乐场所。⑧眉山：眉头。

癸丑春分后雪（宋·苏轼）

雪入春分省①见稀，半开桃李不胜②威③。

应惭落地梅花识，却作漫天柳絮飞。

不分④东君⑤专节物，故将新巧发阴机⑥。

从今造物⑦尤难料⑧，更暖须留御腊衣。

绘制思维导图第五部分

古诗词中的春分

【注释】①省：省悟，才知道。②不胜：不堪。③威：威逼。④不分：分辨不出。⑤东君：管辖东方的神灵，这里特指统治集团。⑥故将新巧发阴机：故意用各种各样的阴谋来整人，这里指被统治集团里的权贵千方百计迫害。⑦造物：造物主，这里特指统治集团。⑧料：猜测。

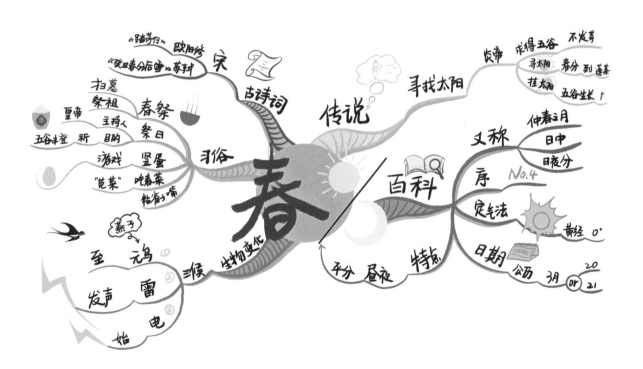

春分

完整思维导图

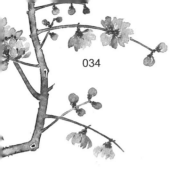

画出属于你的思维导图

　　每个人心中的思维导图都不一样，小朋友们，发挥你的想象力，画出你心中的思维导图吧！

清明

介子推的故事

春秋时代，晋国的老国君晋献公听信谗言，下令迫害几个亲生儿子，其中有一位叫姬重耳的公子，被迫逃到国外。由于重耳素有贤名，所以一群能人都愿意陪着他流亡。

流亡在外，各种艰难困苦不时折磨着重耳这群人。有一次，在一个荒无人烟的地方，大家找不到一点吃的东西，肚子饿得咕咕叫，重耳更是又累又饿，连站起来的力气也没有了。

突然间，一股肉香飘过来，钻进大家的鼻子里，重耳等人一看，原来是一名叫介子推的随从不知在哪里找到了一块肉，熬成了一锅肉汤。喝了肉汤之后，重耳这才恢复了精神，支撑了下去。可是，这块肉是怎么来的？在重耳的再三追问下，才知道这是介子推割下自己大腿上的一片肉。重耳感动得流下了眼泪，暗暗发誓以后要好好报答介子推。

十多年过去了，在经历了千难万苦之后，重耳终于回到了晋国，并当上了国君，这就是历史上赫赫有名的晋文公。

当上国君之后，重耳没有忘记当年跟他一块同甘共苦的功臣们，给他们加官晋爵，大加赏赐。可是赏来赏去，重耳发现少了一个人，他就是介子推。原来一向清高的介子推淡泊名利，当看到重耳当上国君后，就觉得是时候功成身退了，便带着年老的母亲，来到一座叫绵山的山上隐居起来。

　　重耳忘不了介子推当年割肉救命的往事，打探到介子推的行踪后，亲自来到绵山请他下山来。然而绵山山势险峻，树林茂密，重耳带人足足寻找了好长时间，也没能找到介子推。

　　这时候，有个人出了个馊主意，主张放火烧山，将介子推给逼出来，重耳也一时昏了头，竟然答应了。一时间，绵山上燃起了熊熊大火，将整座山都吞噬了，然而仍旧不见介子推出来。大火熄灭之后，人们在一棵柳树下发现了介子推母子的尸体，他宁愿被活活烧死也不肯出来领赏！

　　重耳悔恨交加，放声大哭起来。为了纪念介子推，重耳下令这一天不准生火，只准吃冷食。这个习俗渐渐演变成了"寒食节"，而寒食节的第二天，也逐渐成为清明节。

绘制思维导图第一部分

关于清明的传说——介子推的故事

清明又称踏青节、行清节、三月节、祭祖节等，"清明"的含义就是指在这一时节温暖舒适的气候里，万物生机勃勃地成长，给人一种清醒明朗的感觉。

清明是二十四节气中的第五个节气，也是春季六个节气中的第五个。现行的"定气法"以太阳到达黄经15°时为清明。到了现代，人们则将清明定为每年公历的4月4日—6日中的一天。

清明是二十四节气中传统节日和习俗聚集扎堆的时候，也是祭祀活动最多的一个节气，许多重大的传统祭祀活动都会在这时候举行。而在清明活动的同时，人们有更多的机会走进大自然，感受到春天欣欣向荣的景象。

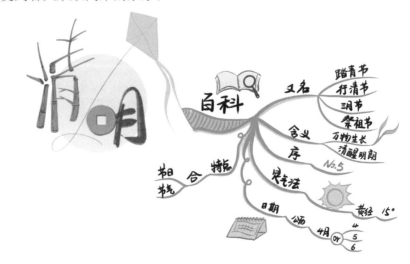

绘制思维导图第二部分

节气小百科

清明时节的生物变化

在我国古时候，人们按照生物变化的规律，将清明分为"三候"：

一候桐始华；二候田鼠化为鴽；三候虹始见。

清明时节，以桐树花为代表的树木都进入了开花期；在动物界，由于清明时节的气候变化，喜阴的田鼠纷纷躲进洞穴里，而喜阳的鹌鹑则活跃了起来；在天气方面，由于清明时节雨纷纷，雨后的天空经过阳光的照耀，时常能见到美丽的彩虹。

清明时节，树木进入了开花期，可谓是春满枝头，百花争艳。此外，清明时节还是动物们繁殖的季节，此时许多母兽都处于怀孕期，因此一些地方还设立了相关规定，保护和禁止捕杀母兽。

绘制思维导图第三部分

清明时节的生物变化

清明时节的习俗

（1）扫墓祭祖。我国自古以来就是一个注重孝道的国度，不仅在长辈在世时，后辈对他们孝顺，对于已经去世的先人，也会通过各种祭祀、扫墓去缅怀他们。清明时节就是一年内最大的扫墓祭祖时节，在清明前后的几天，人们都会来到祖先的墓地，对坟墓进行修整，清除杂草，清洁墓碑，然后供奉上祭品，并对着先人的墓碑行礼，以表达对先人的思念之情。

（2）踏青。在清明节，人们扫墓之后，往往会进行踏青活动。所谓"踏青"，就是趁着较为晴朗的天气，到郊外游玩，接触到大自然春意盎然的美妙风光。踏青有益于身心健康，一直是人们喜爱的活动。

（3）植树。清明时节正是植树的好时光，所以清明节除祭祖扫墓之外，还被冠以"植树节"的别称。自古以来，我国就有清明植树的风俗，到了现在，这个风俗还在许多地方保留了下来，甚至发展成为一个宣传环保的公益活动。

（4）插柳。我国的许多地方，乃至于海外华人聚居的地方，每逢清明节还有插"清明柳"的习俗，就是在清明时节的前后一段时间里，在门口插上几枝柳条，以起到驱除晦气，保佑平安的愿景。

绘制思维导图第四部分

清明时节的习俗

 **古诗词中的清明**

清明（唐·杜牧）

清明时节雨纷纷，路上行人欲断魂①。

借问②酒家何处有③，牧童④遥指⑤杏花村。

【注释】①欲断魂：指心里忧郁愁苦，就像失魂落魄一样。②借问：向他人打听。③何处有：哪里有。④牧童：正在放牧的小孩子。⑤遥指：指向远处。

寒食日即事（唐·韩翃）

春城①无处不飞花，寒食②东风御柳斜。

日暮汉宫③传蜡烛④，轻烟散入五侯⑤家。

【注释】①春城：暮春时的城市，这里特指唐朝首都长安。②寒食：即寒食节，是清明节前一日或两日。按当时习俗，在寒食节期间严禁生火，只许吃冷食。③汉宫：汉朝皇宫，这里代指唐朝皇宫。④传蜡烛：传递蜡烛。寒食节严禁生火，但皇宫里的宠臣可以特许点蜡烛，代指特权阶层。⑤五侯：原指西汉时，汉成帝封其皇后的五个兄弟为侯，这里指的是唐朝皇帝崇信的大臣。

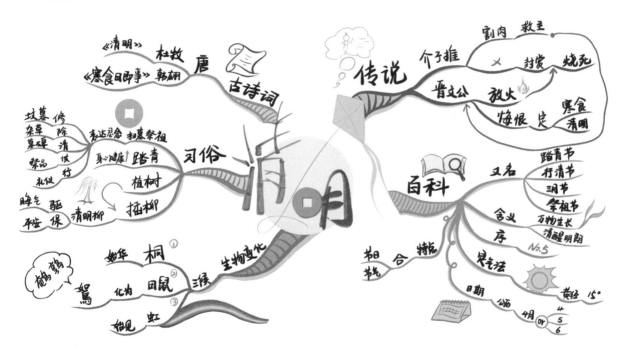

清明

完整思维导图

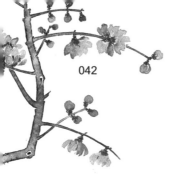

画出属于你的思维导图

　　每个人心中的思维导图都不一样，小朋友们，发挥你的想象力，画出你心中的思维导图吧！

谷雨

天降谷子雨

相传在4000多年前，有一位强大的部落首领叫黄帝，他在打败了劲敌蚩尤和炎帝之后，成为众多部落的共同的首领。黄帝成为领袖之后，设置百官，当安排到记载历史的官员时，黄帝就任命才华出众的仓颉为史官。

当时的人们都采用"结绳记事"的办法，比方说，我明天要去什么地方做什么事，于是就在一条绳子上打个结。等到第二天醒来，看到绳子上的这个结，就能回忆起昨天计划去做的这件事。

身为史官，仓颉自然一天到晚要跟绳子上的结打交道，一开始，他尚且能把每件事情都记录得一清二楚，可是随着事情越来越多，记事的绳结也越来越多，任凭仓颉的记忆力再强，难免也会感到心有余而力不足。

这天，仓颉正对着眼前密密麻麻的绳结发愁时，一位猎人朋友找上门来，约他一起去打猎。

猎人带着仓颉进入深山老林，很快就打到了许多猎物。仓颉感到奇怪，就问猎人是如何知道猎物藏在什么地方的。

于是，猎人指着地上各种野兽野禽留下来的脚印告诉仓颉，他正是循着这些脚印去寻找猎物的。而且，不同的野兽野禽留下来的脚印也不相同，猎人据此还能判断出哪些是他需要的猎物，例如野猪留下的是圆形的蹄子印、狐狸留下的是梅花形的掌印、野鸡留下的则是细长的爪印。

仓颉看着地上千奇百怪的脚印，突然灵机一动，回去后就模仿百兽百禽的脚印，用各种各样的象形图案记下事情，以此替代"结绳记事"。渐渐地，仓颉的象形图案越来越简洁，所能表述的事情也越来越多，终于创造出了文字。

传说在仓颉发明出文字的那一天，上天也受到感动，下了一场特殊的"谷子雨"，一时间，从天上落下无数的谷物。

后来，发明文字的仓颉被人们尊称为"文祖"，而发明文字的这一天，因为"天降谷子雨"，所以也被称为"谷雨"。

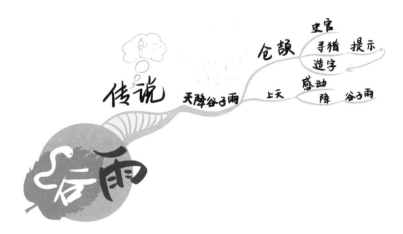

绘制思维导图第一部分

关于谷雨的传说——天降谷子雨

节气小百料

谷雨，顾名思义，就是在雨季来临的时候播下谷物，以期让雨水滋养成长的意思，因此，谷雨又为"雨生百谷"的意思。

谷雨是二十四节气中的第六个节气，也是春季六个节气中的最后一个。远古时代的人们就发现，每当北斗星的斗柄指向辰位的暮春时分，雨水就会增多，所以就定这个时节为谷雨。现行的"定气法"以太阳到达黄经30°时为谷雨。到了现代，人们则将谷雨定为每年公历的4月19日—21日中的一天。

古人云"时雨乃降，五谷百果乃登"，指的就是谷雨时节的雨水增多，而气候又趋于暖和，此时正是种植各种谷物、瓜果蔬菜等农作物的最佳时期，因此，谷雨的雨水又有"春雨贵如油"之说。

绘制思维导图第二部分

节气小百科

谷雨时节的生物变化

在我国古时候，人们按照生物变化的规律，将谷雨分为"三候"：

一候萍始生；二候鸣鸠拂其羽；三候戴胜降于桑。

谷雨时节，随着降雨量的逐渐增多，首先，水中的浮萍开始生长；接着，人们可以看见布谷鸟一边拍打着翅膀，一边欢快地鸣叫，似乎是在提醒大家要开始播种了；然后，戴胜鸟会在桑树上安居，它们能够捕食各种害虫，为人们的农业生产出一份力。

谷雨时节，丰富的雨水使万物生长，除农作物快速生长之外，其他植物，尤其是鲜艳的花儿都纷纷绽开出美丽的朵儿，群芳斗艳。

随着农作物的茁壮成长，猪、牛、羊、马等牲畜有了充足的养料，也开始肥壮起来。蚕农也将鲜嫩多汁的桑叶喂给白白胖胖的蚕宝宝，以盼望它们将来能够吐出优质的蚕丝。

谷雨时节的习俗

（1）品谷雨茶。谷雨茶是谷雨时节采制的春茶，也称作雨前茶、二春茶。春季温暖的气候和丰富的雨水，滋养得茶叶叶体肥嫩、色泽翠绿、香气怡人。每逢谷雨时节，人们都会采摘春茶回来，泡上一壶谷雨茶品尝，不仅提神醒脑、唇齿留香，还能清肝明目、驱除邪气。

（2）食香椿。香椿是我国北方的一种植物，新鲜的香椿芽不仅醇香爽口，还富含营养价值，故有"雨前香椿嫩如丝"之说。

（3）走谷雨。在古时候，谷雨时节就流行着走谷雨的风俗。这一天，年轻的妇女们就会走出家门，到外面走一走，或者到亲朋好友家串串门，舒展自己的身心。

（4）祭仓颉。传说仓颉创造出文字的时候，感动了上天，于是降下了一阵谷子雨。为了纪念他，自汉代以来，就流传着"谷雨祭仓颉"的民间传统。时至今日，我国许多地方还保留着谷雨祭祀仓颉的习俗。

绘制思维导图第四部分

谷雨时节的习俗

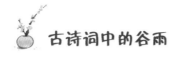

古诗词中的谷雨

春夜喜雨（唐·杜甫）

好雨知①时节，当春乃发生。

随风潜②入夜，润物细无声。

野径云俱黑，江船火独明。

晓③看红湿④处，花重⑤锦官城⑥。

【注释】①知：知道。②潜：悄悄地。③晓：拂晓的时候。④红湿：被雨水湿润的红花。⑤重：饱含雨水而显得沉重，形容花儿带着露珠。⑥锦官城：指现在的成都，古时成都设有管理织造蜀锦的官员，所以成都又被称为锦官城。

蝶恋花·春涨一篙添水面（宋·范成大）

春涨一篙①添水面。

芳草鹅儿，绿满微风岸。

画舫②夷犹③湾百转，横塘④塔近依前远。

江国⑤多寒农事晚。

村北村南，谷雨才耕遍。

秀麦连冈桑叶贱，看看⑥尝面收新茧。

绘制思维导图第五部分

古诗词中的谷雨

【注释】①篙：撑船的竹竿。②画舫：涂画着精美图案的船。③夷犹：犹豫，这里是指船行驶的速度缓慢。④横塘：地名，在今苏州西南。⑤江国：江河众多的地方，这里指江南地区。⑥看看：转眼之间。

谷雨
——
完整思维导图

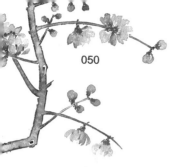

画出属于你的思维导图

　　每个人心中的思维导图都不一样，小朋友们，发挥你的想象力，画出你心中的思维导图吧！

夏满芒夏暑相连

立夏、小满、芒种、夏至、小暑、大暑

夏季篇

立夏

孟获称刘禅

相传在三国时期，蜀国南中地区的首领孟获趁蜀汉的第一任皇帝刘备去世之机，举兵发动叛乱。蜀国丞相诸葛亮接到战报后，临危不乱，带领大军前去平叛。在平叛的过程中，诸葛亮以争取南中老百姓的人心为主，七次抓获孟获，但又七次将他释放，就这样"七擒七纵"之后，孟获终于心悦诚服，从此对蜀国忠心耿耿，不再反叛。

诸葛亮安顿好南中以后，积极出兵北伐魏国，以实现统一全国的宏愿，但在魏国强大的军事力量的压迫下，诸葛亮虽然兢兢业业，但还是未能取得战争的胜利，反而积劳成疾，终究落下个"出师未捷身先死"的遗憾。

临终之前，诸葛亮还惦记着后方的南中地区，他派人去嘱咐孟获，让他每年都要去成都看望国君刘禅。孟获知悉后，流着眼泪答应了，从此以后，他谨遵诸葛亮的遗言，每年都要前往成都看望刘禅。

30多年后，蜀国被魏国攻灭，刘禅也成了俘虏，被押送到了魏国首都洛阳。但是孟获仍旧不忘自己敬爱的丞相的嘱托，在每年的立夏时节不远千里赶到洛阳看望刘禅，而且每次前来，都要带上一把秤，来一次就用秤来称一次刘禅的体重，以验证魏国有没有亏待自己从前的主人。

魏国在灭掉蜀国之后的第三年，也被晋国所灭，晋国的开国皇帝司马炎为了稳定人心，特别是新征服的南中等偏远地区的民心，摆出了宽宏大量的姿态，对于以前蜀国故主刘禅，仍旧像魏国那样以礼相待。而孟获还是像往年那样带着秤前来探望刘禅，并为其称重，还扬言如果晋国亏待了刘禅，他就要起兵造反。

为了安抚孟获，司马炎的臣下出了个主意，在每年孟获来探望刘禅的前几天，就给刘禅吃加了豌豆的糯米饭。贪吃的刘禅见糯米饭香滑可口，都会吃上好几碗，所以孟获每次前来给刘禅称重，都会发现比往年重上几斤。

就这样，凭着孟获的忠心，刘禅虽然亡国了，但还是安安乐乐地颐养天年。而立夏时节称人和吃糯米饭的风俗，也就这样流传了下来。

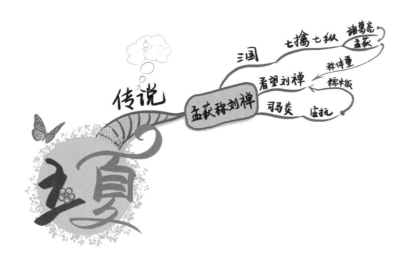

绘制思维导图第一部分

关于立夏的传说——孟获称刘禅

立夏是二十四节气中的第七个节气，也是夏季六个节气中的第一个。现行的"定气法"以太阳到达黄经45°时为立夏。到了现代，人们则将立夏定为每年公历的5月5日—7日中的一天。

立夏表示着春天已经过去，炎热的夏季正式到来。在夏季，由于我国所处地球的位置，大部分正处在太阳的直射当中，太阳光照时间加长，温度也持续升高，伴随着雷雨天气的增加，万物更加繁盛，尤其是农作物，更是进入了一个旺盛生长的季节。

立夏是夏季到来的标志，"夏"在汉字的字面上是"大"的意思，所以夏天就是万物长大的季节。因此，从古至今，人们都非常注重立夏时节的习俗，还因此举行一些迎接夏天的仪式，以祈求风调雨顺，五谷丰登。

绘制思维导图第二部分

节气小百科

立夏时节的生物变化

在我国古时候，人们按照生物变化的规律，将立夏分为"三候"：

> 一候蝼蝈鸣；二候蚯蚓出；
> 三候王瓜生。

蝼蝈就是生长在土下的一种喜欢鸣叫的小虫子，夏天到来后，蝼蝈就进入了它们的活跃期；不仅仅蝼蝈这类的昆虫，蚯蚓也从土里钻了出来，平日里，每当雨后，我们都可看见许多蚯蚓在泥土间活动，所以"蚯蚓出"也比喻雨水增加的意思；立夏带来的不仅是动物的活跃，就连植物也进入快速生长期，特别是蔓藤类的植物，例如王瓜也将枝藤成片地四处扩张。

夏天到来时，从春天出世的动物也成长起来了，进入了热热闹闹的活跃期；而在家畜方面，猪、牛、羊等牲畜日益壮实的同时，也会带来一些时节盛行的疾病，这就要人们做好预防工作了。

绘制思维导图第三部分

立夏时节的生物变化

立夏时节的习俗

（1）迎夏。顾名思义，迎夏就是迎接夏天的意思。在古代，每当立夏这一天，君主都要率领众臣来到郊外，郑重地举行迎夏仪式。夏天，火红的太阳炽热地照耀大地，所以红色就是夏天的代表色，因此，在迎夏仪式中，君臣们都要穿着红色的衣服，竖起红色的旗子，就连随行的马车也是红色的，以表达对夏天美好的祈求。

（2）尝新。春夏之交，动植物的繁盛，也给人们带来了丰富的食物，例如水果有樱桃、青梅，蔬菜有豌豆、黄瓜、莴笋、萝卜，肉类有鸡肉、鸭肉、螺蛳，所以在立夏时节，人们就将品尝这些食物称为"尝新"，带有"尝尝鲜"的意思，也寓意丰衣足食的意思。

（3）斗蛋。斗蛋是立夏时节一个有趣的游戏，就是孩子们将水煮的带壳鸡蛋放在地上互相撞击，看谁的蛋壳更加坚实，游戏以蛋壳到最后仍旧完好无损的鸡蛋为胜利者，称之为"大王"。斗蛋游戏结束后，孩子们就把鸡蛋吃了，人们认为在立夏吃鸡蛋能够消除腹胀、乏力、厌食等症状。

（4）称人。在这天，人们会在显眼

绘制思维导图第四部分

立夏时节的习俗

的地方挂起一杆大秤，秤盘上放着一张凳子，大家排着队，一个一个轮流坐在凳子上称重。掌秤的人一边给大家称重，一边讲着吉利的话，例如被称的是一位老先生，就会祝他长命百岁、万事如意，如果是一位大姑娘，就会夸她相貌姣好、美丽动人，以此作为节日的祝福。

 古诗词中的立夏

立夏（宋·陆游）

赤帜①插城扉，东君②整驾归。

泥新巢燕闹，花尽蜜蜂稀。

槐柳阴初密，帘③栊暑④尚微。

日斜汤沐⑤罢，熟练试单衣。

【注释】①赤帜：赤红色的旗帜，指主宰夏天的赤帝，这里用来比喻夏天。②东君：春神。③帘：窗帘。④暑：夏天的气息。⑤汤沐：洗热水澡。

立夏（宋·苏舜钦）

别院①深深夏簟②清③，石榴开遍透④帘明⑤。

树阴满地日当午，梦觉⑥流莺⑦时一声。

绘制思维导图第五部分

古诗词中的立夏

【注释】①别院：正院旁侧的偏院。②簟：竹席。③清：清凉。④透：透过。⑤明：可以看见。
⑥觉：睡醒。⑦流莺：黄莺、黄鹂。

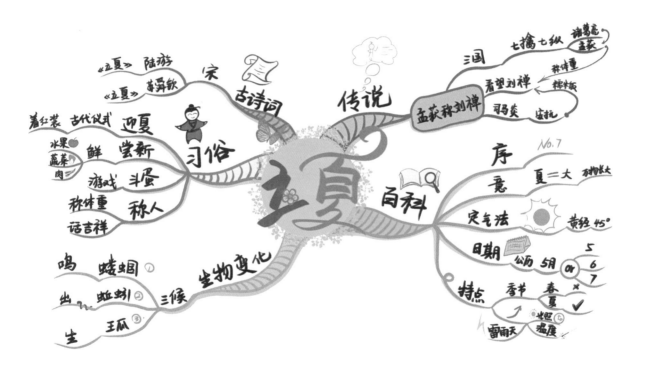

立夏

———

完整思维导图

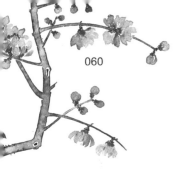

画出属于你的思维导图

每个人心中的思维导图都不一样，小朋友们，发挥你的想象力，画出你心中的思维导图吧！

小满

蚕神姑娘

相传在从前，有一户人家住着父女两人，父亲是个商人，时常要出远门，而女儿不仅长得漂亮，还非常聪明懂事。除了父女两人，家里还养着一匹白马，这匹马很健壮，据说跑起来能够日行千里，更神奇的是，每当有人跟它说话时，它就会安安静静地倾听，仿佛能听得懂人们在说些什么。

有一次，父亲又要外出经商，临走前，他跟女儿嘱咐说很快就会回来，可是女儿等了好长一段时间，仍旧不见父亲归来。于是，女儿非常担心父亲，就时常跟白马说话，倾诉自己对父亲的担忧，每一次，当白马听完女儿的倾诉后，都会点点头，摆摆尾，仿佛听懂了女儿的话。

日子就这样一天天过去了，但仍旧没有父亲的消息。有一天，女儿实在忍受不住想念父亲的煎熬，便一边抚摸着白马，一边许愿道："白马呀，如果你能把我父亲找回来，我就给你当妻子。"谁知女儿话音刚落，白马竟然昂头长长地嘶鸣一声，随即挣脱缰绳，如同流星一般奔跑出门了。

白马一口气就跑到父亲所在的地方，寻着了父亲，原来父亲在远方身患重病，正发愁不能回家呢。这时他见到自家的白马找来，又惊又喜，立即骑上马背，马儿又是一溜烟，转眼就到了家门口。

　　父女相见，自然是喜极而泣，可是等到父亲把病治好，听了女儿对白马的许愿后，立刻拉下了脸，埋怨女儿不应该一时情急而胡说八道。但是女儿认为，既然自己已经许了愿，就必须信守诺言才是，就算不能嫁给白马，也应该用另外一些适合的办法还愿。

　　父亲怕女儿再做出什么傻事来，于是过了几天，趁女儿出外时，竟然把马给杀死了。马死后，父亲还剥下马皮，摊在一块大石头上晒干。

　　女儿回来时，看到石头上的马皮，瞬间明白了是怎么一回事，便伤心地流下了泪水。当她伸手去抚摸马皮上的鬃毛时，马皮竟然一下子扑上前，把她给卷起来，然后带着她飞走了。当父亲闻讯追赶出来时，马皮和女儿早已消失得无影无踪，他只好万分懊悔地空望着天空。

　　马皮裹着女儿一直往西南方向飞，一直飞到了一片人迹罕至的桑树林，随后，马皮降落到一棵桑树上，跟女儿一起化成了一条蚕。后来，这条蚕成为桑树林的主人，还被天帝封为"蚕神"。

绘制思维导图第一部分

关于小满的传说——蚕神姑娘

　　每逢小满时节，孝顺的蚕神都会想念远方的父亲，于是就不断从口中吐出思念的蚕丝。后来，所有的蚕都能吐出蚕丝，为人类造福，久而久之，人们就有了在小满这一天祭祀蚕神的习俗。

节气小真相

　　小满，得名自古籍中"小得盈满"，指的是一些夏天成熟的农作物在这一时期已经长得饱满，但还没有最后成熟，所以称之为小满。

　　小满是二十四节气中的第八个节气，也是夏季六个节气中的第二个。在古代，人们就发现立夏之后的一段时期，农作物已经趋于成熟，所以定这一时期为小满。现行的"定气法"以太阳到达黄经60°时为小满。到了现代，人们则将小满定为每年公历的5月20日—22日中的一天。

绘制思维导图第二部分

节气小百科

小满时节的生物变化

在我国古时候，人们按照生物变化的规律，将小满分为"三候"：

一候苦菜秀；二候靡草死；三候麦秋至。

小满时节，苦菜之类的蔬菜已经成熟，等待农人收割上市；与此相反的是，一些喜阴的藤草类植物静守不住夏天炎热的气候，渐渐枯萎死亡；而到了小满的末期，麦子开始成熟，颗粒饱满。

除了植物，动物也开始为炎热的夏季做好准备，例如一些全身长有浓密体毛的动物会出现褪毛现象。春天的蚕虫已经长大，并到了吐丝结茧的时候。除蚕虫之外，其他喜欢炎热的爬虫类和昆虫类的活动也更加频繁。

绘制思维导图第三部分

小满时节的生物变化

小满时节的习俗

（1）祭车神。车神指的是传说中的一条小白龙，每当小满时节，这条小白龙就会出现在人们灌溉田地的水车附近，好奇地转动水车，帮助人们灌溉，所以小白龙也被称为"车神"。每逢小满这天，人们会在水车上放上祭品，以祈求车神保佑。有一些地方还会在祭品中放置一杯白水，祭拜时将水泼向农田，以寄托小满能够"水满"，使田地不缺水的愿望。

（2）祭蚕。小满时节是蚕虫吐丝结茧的时节，而相传小满这一天又是蚕神的生日，许多地方的人们因此会在这天祭祀蚕神，以感谢蚕神为人们的衣食生活所带来的贡献。

（3）动三车。在我国的江南一带，小满时节有"小满动三车"的习俗。"三车"指的是丝车、油车、水车，启动这三种车，就能不愁吃、不愁穿、田地不缺水，寓意着这一年人们能够丰衣足食。

（4）吃苦菜。小满时节正是苦菜成熟收割的季节，在这时食用苦菜，不仅有应节的意义，而苦菜本身就具有清热解毒的功效，食用对身体有益。

绘制思维导图第四部分

小满时节的习俗

古诗词中的小满

小满（宋·欧阳修）

夜莺啼①绿柳，皓月醒②长空。

最爱垄头麦③，迎风笑④落红⑤。

【注释】①啼：啼鸣。②醒：照亮。③垄头麦：田垄前头的麦子。④笑：高兴，这里指的是诗人的喜悦心情。⑤落红：饱满的麦子。

乡村四月（宋·翁卷）

绿遍山原①白②满川③，子规④声里雨如烟。

乡村四月闲人少，才了⑤蚕桑⑥又插田⑦。

【注释】①山原：山陵、平原。②白：太阳倒映在水中所泛起的白光。③川：河流。④子规：杜鹃鸟。⑤才了：刚结束。⑥蚕桑：采桑养蚕。⑦插田：在田里插秧。

古诗词
宋
《小满》 欧阳修
《乡村四月》 翁卷

习俗
祭车神
小试 车神
不缺水 田地 祈求
穿丝 吃油 三车
喝水 丰衣足食
祭蚕
动三车
寓意
清热解毒 吃苦菜

苦菜
成熟
秀
靡草
无
至 麦秋
喜阴藤草

三候
生物变化

传说
蚕神姑娘
起因
父亲 外出患病 未归
女儿 许愿白马 找回父亲 以身相许
白马 找父亲 被 杀 剥皮
结果
陵 姑
桑树林 袭林主人
化 蚕 蚕神
逢小满 思父 吐丝

百科
序 No.8
得名 古籍 小得盈满
特点 农作物 已 饱满 未 成熟
节气法
黄经 60°
日期
公历 5月 01 20 21 22

小满

完整思维导图

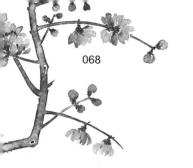

画出属于你的思维导图

每个人心中的思维导图都不一样，小朋友们，发挥你的想象力，画出你心中的思维导图吧！

芒种

芒种和荞麦的故事

相传在很久以前，有一个叫芒种的小伙子，他跟母亲住在一起，相依为命。母亲年纪大了，不能干重活，于是芒种一个人挑起了家里生活的重担。芒种不仅勤劳能干、善良淳朴，而且还很孝顺，寒冬季节，如果母亲想吃鱼，芒种总是二话不说就跑到冰冻的河上，砸开冰面捞鱼上来给母亲吃。

而离芒种家不远的地方，住着一个叫荞麦的姑娘，不但美貌出众，而且聪明伶俐。她时常看见芒种为了母亲凿冰取鱼，深深地被芒种的孝行打动了，渐渐地，两人就相爱了，后来还结了婚。

有一年，芒种的家乡发生了大旱灾，田里颗粒无收，为了维持生计，芒种决定把家里的一匹马给卖了，换点钱买一些过冬的粮食。芒种很早就出了门了，但直到太阳落山才回来。他回来后，母亲急忙问他："马卖了吗？卖了多少钱？"憨厚的芒种挠挠脑袋，回答说："买马的人说没带钱，只留下他的姓名和地址，让我过几天到他那儿去要钱。"接着，芒种就把记住的买马人的"姓名"和"地址"背诵了一遍："我叫东北风，来自冰凌宫，家住花木凋零寨，兄弟居官在京城。"母亲一听，立刻着急地说："傻孩子，这哪是什么姓名地址呀，你八成是被人给骗了！"母子俩正在着急，儿媳荞麦却笑着说："我知道这个人的名字和地址了！"

婆婆和丈夫一愣，忙问："你怎么知道的？"聪明的荞麦说："这个人自称东北风，风吹来会觉得寒冷，就是一个'寒'字，这个人姓"寒"；冰凌宫，应该指露水，所以是个露字，所以这个人叫寒露；而家住花木凋零寨，花木凋零就是花落的意思，指的就是离这几十里的落花村。"婆婆和丈夫这才转忧为喜，过了几天，芒种就去落花村找寒露催要卖马的钱。原来寒露就是落花村最大的土财主，拥有良田千亩，钱财万贯。

寒露怎么也没想到这个看上去愣头愣脑的小伙子竟然能找上门来，于是就问是谁指点他的，芒种就老老实实地把妻子荞麦的话说了一遍。寒露心想：天底下竟然有如此聪明的女子，我一定要去看一看。于是，他就借口要去芒种的村里办事，跟着芒种一起到了芒种和荞麦的村庄。

当寒露一看见到荞麦时，寒露立马就被她的美貌给吸引住了，一肚子坏水的寒露暗暗决定，要把荞麦霸占为妻。而聪明机灵的荞麦也从寒露的表情中察觉到了他的不怀好意，也暗中做好了准备。过了几天，寒露果然领着一群家丁前来抢夺荞麦，而荞麦早已不知去向。寒露不甘心，

绘制思维导图第一部分

关于芒种的传说——芒种和荞麦的故事

他料想荞麦可能躲到村旁的大山里头，于是命令家丁们前去搜山。山中大雾弥漫，家丁们搜了很久也不见荞麦的踪影，寒露气急败坏之下，亲自骑马上山搜寻。没承想这匹马就是芒种卖给寒露的，它仿佛知道了寒露的阴谋，到了半山腰的悬崖边上，马儿突然把头一甩，身子一倾，就把寒露掀翻。寒露跌落下悬崖，活活摔死了。

节气小百科

芒种，指的是在仲夏时节，麦类等有芒的植物获得丰收，也有谐音作"忙种"，形象地形容芒种时节农人们"忙着耕种"的农事活动。

芒种是二十四节气中的第九个节气，也是夏季六个节气中的第三个。现行的"定气法"以太阳到达黄经75°时为芒种。到了现代，人们则将芒种定为每年公历的6月5日—7日中的一天。

绘制思维导图第二部分

节气小百科

芒种到来时，我国东南地区已经进入梅雨时节，气温持续升高的同时，雨量也比较丰富，南方一些地方还时常下起被称为"龙舟水"的阵雨。雨水带来充沛的水源，农人们趁此时机，既要收割春天播种所长成的农作物，又要忙着播下新的种子，因此，芒种又是一段农忙的高峰期。

芒种时节的生物变化

在我国古时候，人们按照生物变化的规律，将芒种分为"三候"：

一候螳螂生；二候鹏始鸣；
三候反舌无声。

芒种时节，螳螂在去年深秋所产下的卵，此时已经孵化出小螳螂；鹏在这里指的是喜欢阴凉的伯劳鸟，此时它们感受到阴雨带来的阴凉潮湿的气息，开始鸣叫起来；伯劳鸟开口了，但"反舌鸟"却闭上了嘴，至于这个"反舌鸟"是什么动物，

绘制思维导图第三部分

芒种时节的生物变化

则众说纷纭，有的说是癞蛤蟆，而它们在芒种时节躲避阴湿天气的习性也印证了"反舌无声"的规律。

芒种是一个以农作物为主的时节，但芒种的"三候"叙述的都是动物，可见在芒种时节，不仅仅植物受到气候的影响，就连动物也要随遇而安。总的来说，芒种是喜阴生物的时节，这也跟芒种阴雨连绵的气候有关。

芒种时常的习俗

（1）送花神。仲夏季节，许多春天开放的花朵开始凋零，在民间则认为这是花神离开凡间，回到天上述职去了。所以，在芒种这天，民间盛行送花神的习俗，通过祭祀花神，以表达对花神让鲜花布满人间的感谢。

（2）安苗。在江南的一些地区，芒种盛行安苗这一习俗，在这一天，家家户户都会用新麦磨成的面，捏出各种各样有趣的动物和植物形状，然后用来祭祀，祈求今年有个好收成。

绘制思维导图第四部分

芒种时节的习俗

（3）煮梅。初夏时节常被称为黄梅时节，这是因为此时正是梅子成熟的季节，到了芒种的前后几天，一些地方就盛行煮梅品尝的习俗。设想在芒种时节，一边欣赏窗外的绵绵细雨，一边品尝刚刚煮好的梅子，再尽兴地侃上几段，真能体会到当年"青梅煮酒论英雄"的感受。

（4）晒"芒种皮"。芒种时节不仅仅陆地上物产丰富，海里正值产卵期的毛虾也处于鲜嫩体肥的时期，沿海一带的渔民捕捞起毛虾后，将其晒干成虾皮，并称之为"芒种皮"。"芒种皮"不仅味道鲜美，而且营养丰富。

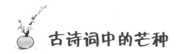 **古诗词中的芒种**

约客（宋·赵师秀）

黄梅时节[1]家家雨[2]，青草池塘处处蛙。

有约不来[3]过夜半，闲敲棋子落[4]灯花[5]。

【注释】①黄梅时节：梅子成熟发黄的季节，特指芒种时节。②雨：笼罩在雨中。③有约不来：约好的人还没来。④落：震落。⑤灯花：油灯的灯芯。

梅雨五绝（宋·范成大）

乙酉甲申[1]雷雨惊，乘除[2]却贺芒种晴[3]。

插秧先插蚤籼稻[4]，少忍[5]数旬蒸米成。

绘制思维导图第五部分

古诗词中的芒种

【注释】①乙酉甲申：芒种时节的月份和日期，这里指芒种时节到来的时间。②乘除：算计。

③芒种晴：芒种那一天是晴天。④蚤籼稻：适合在高温地区种植的水稻。⑤忍：等待。

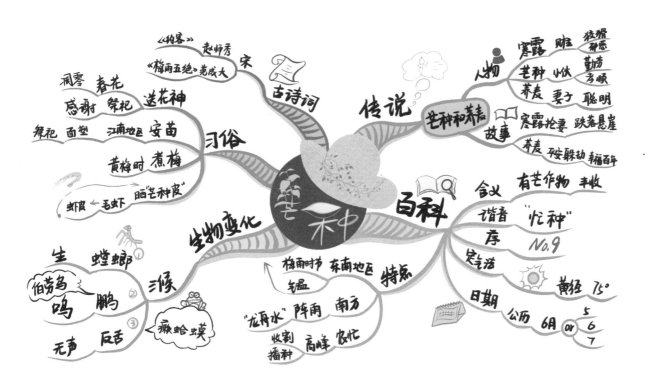

芒种

完整思维导图

画出属于你的思维导图

每个人心中的思维导图都不一样，小朋友们，发挥你的想象力，画出你心中的思维导图吧！

夏至

巧儿的故事

从前，有一个心灵手巧的姑娘叫巧儿，说她心灵手巧是因为手巧，那么她的手究竟巧到什么程度呢？她量裁衣服不需要用尺量，只要看一眼一个人的身高，就知道这个人应该穿多大的衣服，尺寸可是一裁一个准。此外，她的针线活儿更是没法说，无论是绣花草树木，还是动物人物，都能栩栩如生，精美绝伦。正因为如此，这个姑娘才被称为巧儿。

转眼间，巧儿到了谈婚论嫁的年龄了，前来说媒的人几乎踏破了巧儿家的门槛，介绍的人中有不少是相貌堂堂、勤劳善良的好男儿。但是，巧儿的爹娘却贪图钱财，偏偏将她许给了贪婪刻薄的赵财主的儿子。

果不其然，就在巧儿嫁过来的第三天，赵财主一家就露出了贪婪刻薄的本性，只听赵财主对巧儿说："今天，你要赶在太阳下山之前，给我做好十件衣服、十条裙子、十双袜子出来。"

巧儿只好答应下来。她顾不上吃饭，顾不上喝水，立马忙活开来，可是一直忙到了太阳偏西，巧儿只做好了七件衣服、七条裙子和七双袜子。她看看天色已晚，急得忍不住掉下了眼泪。

这时候，巧儿眼前突然出现了一位白发苍苍的老奶奶，她慈祥地问巧儿："姑娘，你怎么哭了？"

巧儿就将赵财主要她在太阳下山之前赶制出十件衣服、十条裙子、十双袜子的事情对老奶奶说了一遍。

老奶奶笑着说："这有何难，我来帮你吧。"

说着，老奶奶上前接过巧儿手中的针线。说来可真神奇，就在针线刚刚到了老奶奶的手中时，只见白光一闪，针线就像有生命一样快速地在丝线之间游动，转眼之间，剩下的三件衣服、三条裙子和三双袜子就完完整整地摆在了巧儿面前。

巧儿看呆了，再揉一揉眼睛，老奶奶也不见了。

太阳下山了，赵财主看着巧儿交上来的十件衣服、十条裙子和十双袜子，虽然觉得很满意，但眼睛又滴溜溜地准备安排巧儿新的活儿。可是巧儿不待赵财主开口，执意要离开这个无情无义的婆家。

一看到巧儿要走，赵财主全家堵住大门，不许巧儿离开。就在这时，天上突然出现了一道美丽的彩霞，更神奇的是，彩霞竟然像丝带一样洒落下来，挽起巧儿的细腰，将她从地上带上了半空。赵财主全家见状，急得上前去拉扯，但只抓到了巧儿半截扯断的裙带。

绘制思维导图第一部分

关于夏至的传说——巧儿的故事

就这样，巧儿被彩霞解救出来，重新过上快乐的生活。而这一天，就是夏至。

节气小百科

夏至在古时又称夏节、夏至节，是二十四节气中的第十个节气，也是夏季六个节气中的第四个。现行的"定气法"以太阳到达黄经90°时为夏至。到了现代，人们则将夏至定为每年公历的6月21日—22日中的一天。

夏至是一年当中太阳最偏向北面的一天，在这一天，阳光直射中国所在的北半球大部分地区，所以此时北半球各地的白昼时间是全年最长的，可谓是夏季的极至。夏至之后，白昼时间逐渐减短，但此时才是一年最炎热的时期的来临。

夏至还是古代民间"四时八节"中的一个节日，史书记载道："以夏日至，致地方物魈。"说的就是夏至正值夏收之时。

绘制思维导图第二部分

节气小百科

夏至时节的生物变化

在我国古时候，人们按照生物变化的规律，将夏至分为"三候"：

一候鹿角解；二候蝉始鸣；
三候半夏生。

夏至时节，鹿头上的枝角开始脱落，鹿角是个比较珍贵的药品，对人体有滋补的功效；知了此时也开始了烦人的鸣叫，这与它们感阴的习性有关，而夏至过后，就是阴气滋生的时候；半夏指的是一种草药，它的名字恰恰就是因成生在仲夏时节的夏至而得名。

虽然夏至是阴盛阳衰的开始，但一年中最炎热的日子也跟着来临。为了应付酷暑天气，动物纷纷做好防暑准备，有的向凉爽的水边迁徙，有的褪去了厚厚的绒毛，有的躲进了阴湿清凉的洞穴里，可谓各显神通。

绘制思维导图第三部分

夏至时节的生物变化

夏至时节的习俗

（1）划龙舟。划龙舟是芒种、夏至时期端午节的风俗，在江南的一些地方，人们就选择在夏至这一天划龙舟，这一天，人们在河网密布的江南水乡进行龙舟竞渡，热闹非凡。

（2）吃粽子。跟江南地区在夏至时节进行划龙舟有异曲同工之妙的是，我国的西北地区在此时也有吃粽子的习俗，原本端午节两大风俗都在夏至时节出现，但也顺应了时节。

（3）过夏麦。夏至正值农作物丰收，所以为了感谢上天，并祈求这一年五谷丰登，一些地方的人们就在这天进行隆重的祭神仪式，称之为"过夏麦"。

（4）食醮坨。醮坨是一种由米粉做成的地方小吃，又叫圆糊醮。夏至期间，人们将醮坨用竹签贯穿成串，插在水田的流水处，并燃香祭祀，以祈求风调雨顺。祭祀完毕后，小孩子就跑到田里摘取醮坨，痛痛快快地饱餐一顿。

绘制思维导图第四部分

夏至时节的习俗

古诗词中的夏至

夏至避暑北池（唐·韦应物）

昼晷①已云极②，宵漏③自此长。

未及施政教，所忧变炎凉。

公门日多暇④，是月农稍忙。

高居念田里，苦热安可当。

亭午⑤息群物，独游爱方塘。

门闭阴寂寂，城高树苍苍。

绿筠⑥尚含粉，圆荷始散芳。

于焉⑦洒烦抱，可以对华觞⑧。

【注释】①晷：根据阳光照射的位置来测定时间的工具，这里指时间。②云极：到了云际的边缘，这里指的是临近傍晚。③漏：指漏壶，古代的一种计时工具，这里也是指时间。④暇：闲暇的时间。⑤亭午：中午。⑥筠：竹子的皮，这里指竹子。⑦于焉：在这里。⑧华觞：华丽的酒杯。

竹枝词（唐·刘禹锡）

杨柳青青江水平①，闻郎②岸上踏歌声③。

东边日出西边雨，道是④无晴⑤却有晴。

《夏至避暑北池》韦应物
《竹枝词》刘禹锡　**唐**
夏古诗词

【注释】①平：平缓地流淌。②郎：男孩子，这里指意中人。③踏歌声：形容一边唱歌一边和着节拍跺脚。④道是：可谓是。⑤晴：天晴，这里暗喻爱情。

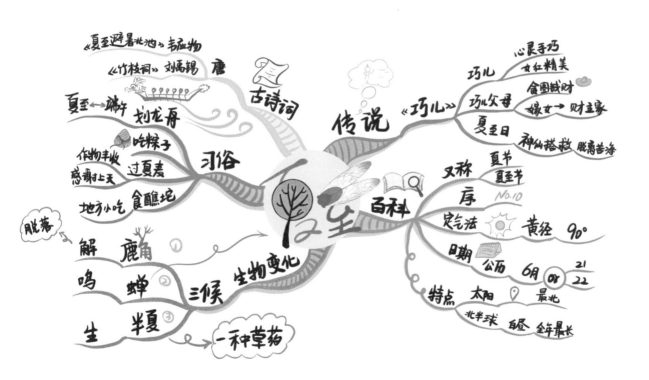

夏至
———
完整思维导图

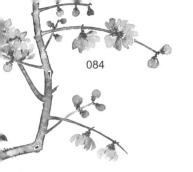

画出属于你的思维导图

每个人心中的思维导图都不一样，小朋友们，发挥你的想象力，画出你心中的思维导图吧！

小暑

牛郎织女的故事

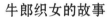

　　传说天上有一位善于织布的仙女，她厌倦了天宫枯燥的神仙生活，就偷偷跑下凡间，邂逅了地上一个放牛的小伙子，两人一见钟情，遂结为夫妻，还生下了几个孩子，一家人过着幸福安宁的生活。

　　但是，好景不长，有一天，王母娘娘发现这名织女不见了，于是派人分头去找，最终在凡间的牛郎家发现了她的身影。王母娘娘得到回报，非常生气，下令把织女抓回天庭。

　　派来抓织女的天兵天将把她从牛郎的屋内拖出来，织女哭喊着，牛郎和孩子们也哭喊着，死死不肯分离。他们的哭声让天兵天将也感到心酸，然而王母娘娘的命令是不能违抗的，他们还是将织女带回了天宫。

　　见着王母娘娘后，天兵天将将织女和牛郎以及他们的孩子们生离死别的感人场景说了一遍，王母娘娘听了也有点感动，于是口气也松软下来，对织女说："看在你们夫妻俩如此深厚的情义上，我就格外恩准你们在人世间每年的七月初七见一次面吧。"织女听了，赶紧磕头谢恩。

　　说着，王母娘娘挥笔在天上划了一条河，这就是银河，让织女和牛郎在每年的七月初七隔河相见。

　　到了七月初七这一天，牛郎和织女来到银河两岸，他们隔着银河互诉衷肠。凄楚的言辞、坚贞的爱情打动了四周飞翔的喜鹊，喜鹊们于是一起聚集起来，用自己的身体搭成了一座"鹊桥"，让牛郎和织女踩着它们的身子，走到银河中央相会。

　　此后，每当七月初七，牛郎和织女都会在喜鹊搭成的"鹊桥"上相会，久而久之，他们化为了天上的两颗星，分别是牛郎星和织女星。而他们的故事也深深打动了世间的人们，于是人们就将七月初七定为中国的情人节，也就是"七夕节"。

　　由于七夕节位于小暑时节，所以民间流传着"百索子撂上屋"的习俗，就是在小暑时节的前几天，人们将五彩丝线放置在屋顶，让搭"鹊桥"的喜鹊衔去，让"鹊桥"变得更加稳固，以此寄托自己美好的祝愿。

绘制思维导图第一部分

关于小暑的传说——牛郎织女的故事

节气小百科

小暑的"暑"即暑热的意思，所以小暑就是一年中"小热"的时节，用以对应接下来大暑的"大热"。

小暑是二十四节气中的第十一个节气，也是夏季六个节气中的第五个。现行的"定气法"以太阳到达黄经105°时为小暑。到了现代，人们则将小暑定为每年公历的7月6日—8日中的一天。

小暑时节，天气虽然已经非常炎热，但还没达到一年中最热的阶段。此时常有狂风暴雨，天气越来越闷热潮湿，为接下来的大暑埋下了伏笔，所以民间有"小暑大暑，上蒸下煮"之说，因此，人们在这个时节要做好清热消暑的自我保护。

小暑天也是农作物快速生长的时节，但全国各地阴晴不定，洪涝不均，所以农人们要做好田间的管理。

绘制思维导图第二部分

节气小百科

小暑时节的生物变化

在我国古时候，人们按照生物变化的规律，将小暑分为"三候"：

一候温风至；二候蟋蟀居宇；三候鹰始鸷。

小暑到来之时，不再有清凉的风，有的只是温热的风；炎炎夏日，迫使蟋蟀离开了湿热的田间，钻到了清凉的建筑底下去歇息；如此酷热的大地，就连老鹰也不肯低飞，怕沾染了暑气。

小暑时节，各种动物都纷纷做好了避暑的准备，就连喜欢盛夏季节的冷血动物也避开了烈日的暴晒，寻找较为舒适的地方安生。而对于其他热血动物来说，则更加苦不堪言，它们时常拖家带口，纷纷寻找凉爽的地方消暑。

绘制思维导图第三部分

小暑时节的生物变化

小暑时节的习俗

（1）食新。食新的"新"，指的是将新打的米麦磨成米粉或面粉，做成各种面条、面饼类的食物。所以食新就是指食用这些米面类食物，而且还要邀请乡间邻里分享着吃，并拿出一部分祭祀祖先，以祈求一年丰收。

（2）天贶节。据史书记载，在小暑时节前后的农历六月初六日有一个"天贶节"。"天贶节"始于北宋年间，"贶"就是"赐"的意思，所以"天贶节"就是天赐之节，据说这个节日得名于在这一天，皇帝要向臣子们赐予"冰麨"和"炒面"等避暑食品的缘故。而在民间，则是长辈送给晚辈一些较为寻常的食品，以示吉祥之意。

（3）祭祀五谷大神。在我国的一些地方，人们在小暑时节祭祀五谷大神，其用意也跟祭祀天地相同。祭祀谷神，表达了人们不忘五谷给予的粮食，体现了人们对大自然的感恩之情。

（4）晒东西。据说在小暑这天，由于日头猛烈，人们就会将家中的图书、衣服等东西拿到太阳底下，让阳光驱赶这些日常用品上的细菌。

绘制思维导图第四部分

小暑时节的习俗

古诗词中的小暑

夏日南亭怀辛大① （唐·孟浩然）

山光②忽西落，池月③渐东上。

散发④乘夕凉，开轩⑤卧闲敞。

荷风送香气，竹露滴清响⑥。

欲取鸣琴弹，恨⑦无知音赏。

感此怀故人，中宵⑧劳⑨梦想。

【注释】①辛大：指作者孟浩然的朋友辛谔。②山光：依山的阳光。③池月：池中的月光倒影。④散发：散开头发，古时的男子束着头发。⑤轩：窗户。⑥清响：细微的声响。⑦恨：遗憾。⑧中宵：半夜。⑨劳：徒劳的。

小暑六月节（唐·元稹）

倏忽①温风②至，因循③小暑来。

竹喧④先觉雨，山暗已闻雷。

户牖⑤深青霭，阶庭长绿苔。

鹰鹯⑥新习学，蟋蟀莫相催。

【注释】①倏忽：忽然之间。②温风：温暖的风。

绘制思维导图第五部分

古诗词中的小暑

③循：循照。④喧：喧哗，这里指风吹所引起的响动。⑤户牖：门窗。⑥鹰鹯：鹰和鹯，这里泛指猛禽。

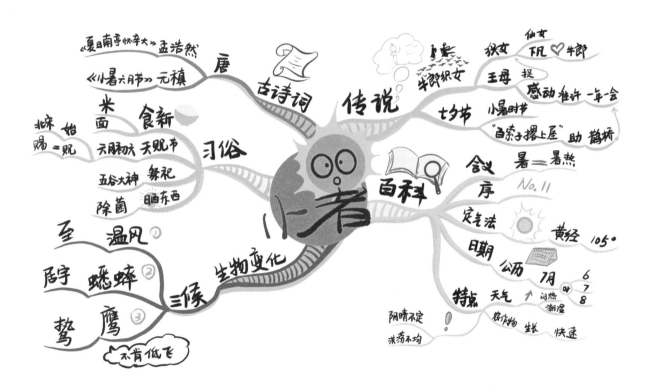

小暑

完整思维导图

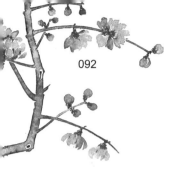

画出属于你的思维导图

　　每个人心中的思维导图都不一样，小朋友们，发挥你的想象力，画出你心中的思维导图吧！

大暑

囊萤夜读

晋朝时，有一个叫车胤的孩子，他聪明好学，一拿到书就爱不释手地读，一读就是一天，但是因为家境贫困，没钱买灯油，所以一到太阳落山后，天黑下来，车胤就不能够继续读书了，只能默默地回忆着白天所读的内容。

大暑的这天夏夜，一天的暑气渐渐消散，车胤放下书，走出门，来到田间一边乘凉，一边背诵白天所读的文章。忽然间，一点点飞翔的小亮光吸引住了车胤的目光，他仔细一瞧，原来是萤火虫。只见萤火虫的尾部发出耀眼的光亮，漫天飞舞，在夜空中交织出一道美丽的风景线。

聪明的车胤灵机一动："如果将这些发光的萤火虫收集起来，不就成了一盏明灯了吗？"于是，他立马跑回屋里，翻出一只用薄薄的白绢布缝制的口袋，然后抓了数十只萤火虫放入袋中，再扎紧袋口，一盏别致的"萤火虫灯"就这么制成了。

车胤将"萤火虫灯"带进屋内，黑漆漆的屋子里一小片空间立马亮堂了。车胤翻开书，果然能照见书上的文字，这样一来，车胤就可以利用夜晚时间继续博览群书了。《三字经》里所说的"如囊萤，如映雪。家虽贫，学不辍"中的"如囊萤"，指的就是车胤"囊萤夜读"的故事。

车胤长大以后，当上了大官，他才华横溢又为人公正，为国家做出了巨大贡献。

而车胤小时候"囊萤夜读"的故事，也成为大暑时节的一段佳话。

绘制思维导图第一部分

关于大暑的传说——囊萤夜读

节气小百科

　　大暑，顾名思义，就是天气非常炎热的意思，这个时节也是整个夏天甚至一年中最热的一天。

　　大暑是二十四节气中的第十二个节气，也是夏季六个节气中的最后一个。现行的"定气法"以太阳到达黄经120°时为大暑。到了现代，人们则将大暑定为每年公历的7月22日—24日中的一天。

　　在大暑时节，天气酷热，气温达到全年最高水平。以我国为例，在大暑前后几天，往往会出现温度超过30摄氏度，甚至达到40摄氏度以上的高温天气。在如此炎热的天气里，人和动物往往用各种各样的方法进行消暑，而在农业方面，此时的农作物是长势最好的时候，但同时也会面临着旱灾、涝灾、风灾等各种自然灾害。

大暑是夏季最后一个节气，天气渐渐向立秋时节过渡。

绘制思维导图第二部分

————————————

节气小百科

大暑时节的生物变化

在我国古时候，人们按照生物变化的规律，将大暑分为"三候"：

"一候腐草为萤；二候土润溽暑；三候大雨时行。"

在大暑这个一年中最炎热的时期里，萤火虫这种喜欢酷热的动物开始活跃起来，因为萤火虫将卵产在枯草上，所以古人们曾经误认为萤火虫是由腐烂的枯草变来的，所以就有了"腐草为萤"一说；闷热的天气，导致土地变得潮湿起来，所以就有"土润溽暑"这一说法；其后，由于大暑天时常伴有雷阵雨，所以气温稍稍清凉了一点。

大暑是我国大部分地区一年中最热的时期，也是喜热作物生长速度最快的时期，许多植物长出茂密的枝叶，这恰好给其他生物提供避暑的宝地。而在动物界，为了避暑，许多动物或者寻找阴凉的地方生活，或者改变自身生活习性，或者干脆躲藏起来，以度过这个酷夏时期。

大暑时节的习俗

（1）送"大暑船"。在我国东南沿海地区的渔民聚集地，在大暑时节有送"大暑船"的习俗。"大暑船"就是指船的模型，按照古时帆船的造型，由木头和纸张按照一定的比例制造而成。"大暑船"制成之后，在船内放上各种祭品，然后由渔民们轮流抬着在街头游行，其间敲锣打鼓，鞭炮齐鸣。"大暑船"最后运到码头，在进行了一系列祈福仪式后，就被渔船牵

绘制思维导图第三部分

大暑时节的生物变化

着驶出海港，在海上点燃，以此祝福渔民出海捕鱼时能够有好的收获，并能逢凶化吉。

（2）喝"暑羊"。在我国山东省的许多地方，在大暑之日有"喝暑羊"的习俗。所谓的"暑羊"，就是指在大暑这一天熬的羊肉汤，喝"暑羊"能够使身体达到清热消暑的效果。

（3）吃"仙草"。在我国的广东省的一些地区，大暑时节前后几日有"吃仙草"的习俗。"仙草"就是指凉粉草，因为具有清热消暑的功效，所以被称作"仙草"。将凉粉草磨成粉，制成糊状的凉粉，品尝起来甘甜清爽，是一种非常受欢迎的消暑甜品。

（4）斗蟋蟀。大暑期间，蟋蟀们纷纷潜到田野里凉爽的石头或者砖头底下避暑，有些人就专门捕捉蟋蟀来玩赏。由于蟋蟀好斗，所以有些地区的人们在闲暇时就以斗蟋蟀为乐。

绘制思维导图第四部分

大暑时节的习俗

古诗词中的大暑

夏日闲放（唐·白居易）

时暑不出门，亦无宾客至。

静室深下帘，小庭新扫地。

褰①裳复岸②帻③，闲傲得自恣④。

朝景枕簟⑤清，乘凉一觉睡。

午餐何所有，鱼肉一两味。

夏服亦无多，蕉纱⑥三五事。

资身⑦既给足⑧，长物徒⑨烦费。

若比箪瓢⑩人，吾今太富贵。

【注释】①褰：撩起。②岸：推起。③帻：头巾。④自恣：自我放纵。⑤簟：竹席。⑥蕉纱：蕉布，即芭蕉叶的纤维。⑦资身：立身。⑧给足：自给自足。⑨徒：平白地。⑩箪瓢：盛饭的竹器和盛水的水瓢，泛指饮食，这里用来比喻生活简朴。

大暑（宋·曾几）

赤日①几时过，清风②无处寻。

经书聊枕籍，瓜李漫浮沉。

兰若^③静复静，茅茨^④深又深。

炎蒸^⑤乃如许，那更惜分阴^⑥。

【注释】①赤日：烈日，这里指的是暑热天。②清风：清凉的风。③兰若：森林，这里指的是幽静的地方。④茅茨：茅屋。⑤炎蒸：炎热蒸腾，指天气极其闷热。⑥阴：凉快。

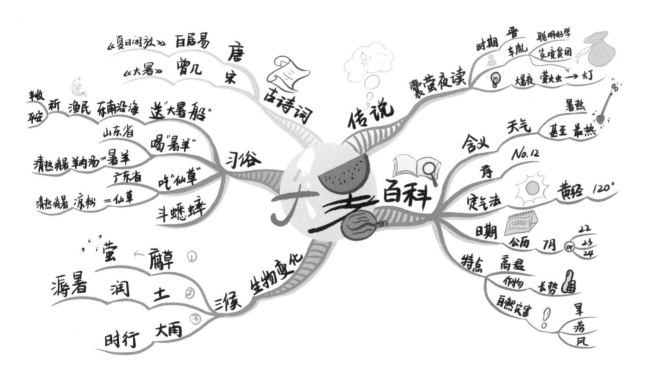

大暑

完整思维导图

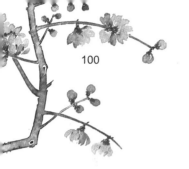

画出属于你的思维导图

　　每个人心中的思维导图都不一样，小朋友们，发挥你的想象力，画出你心中的思维导图吧！

秋处露秋寒霜降

立秋、处暑、白露、秋分、寒露、霜降

秋季篇

立秋

三女找太阳

相传在古时候，天上有七个太阳，在太阳的照耀下，万物生长，安乐祥和。不知过了多少年，突然窜出了一只夜猫精，它喜欢黑暗，非常讨厌光明，尤其对太阳恨之入骨。

有一天，夜猫精变成一只长着鹰的翅膀的妖怪，飞到了最高的一座山头，等太阳们刚升起时，就拔下身上的羽毛，当作利箭射向太阳。羽毛箭还真厉害，太阳接二连三地被它射下来，转眼间，七个太阳就被射下了六个，最后一个太阳见势不妙，急忙躲了起来。

失去了太阳的照耀，大地立即陷入了一片黑暗，许多植物得不到光照，都枯萎了，动物们失去了食物来源，也纷纷饿死，人类到了灭亡的边缘。

生死存亡关头，人们只好分头派人去找最后一个太阳，想请它重新将光辉洒向人间。派去的人都是最有本领、身强体壮的，可是他们都遭到了夜猫精的毒手。就在大伙儿议论纷纷之时，人群中走出三个漂亮的彝家姑娘，她们对父老乡亲们说："只有除掉夜猫精，我们才能找到太阳。"人们纷纷点头，都拿起武器，浩浩荡荡地去找夜猫精报仇。

找到夜猫精后，大家举起大刀长矛向它砍戳，都被它轻松躲过；向它射箭，也被它挡了回去；改用水攻，夜猫精竟然在水里游起了泳……几个回合下来，人们非但没有伤到夜猫精一根毫毛，反而损兵折将，只好暂时撤退。

怎样才能除掉夜猫精呢？就在大家冥思苦想之际，三个姑娘给大家献计说："夜猫子喜欢黑夜，肯定是害怕光亮，我们何不用火来对付夜猫精呢？"

大伙儿觉得是个好办法，于是所有人都点燃了火把，重新向夜猫精开战。夜猫精见到熊熊烈火，果然害怕起来，掉头逃窜。人们紧追不舍，最后把夜猫精逼进了一个山洞里，大伙儿将火把纷纷扔进山洞，随着山洞里传出的一阵哀号，夜猫精被烧死了。

除掉了夜猫精之后，三个姑娘又自告奋勇，动身前去寻找太阳。她们翻过了

九十九座高山、渡过了九十九条河流、穿过了九十九片森林，终于在立秋这一天找到了太阳。

这时候，三个姑娘都已经非常虚弱了，她们使出最后的力气，对着太阳大喊道："太阳啊！夜猫精已经被除掉了，您快重新升上天空吧！没有您，花儿就不能开放、五谷就不能成熟、牛羊就不能成长、人类就不能生存……太阳啊，您快升起来吧！"

姑娘们的所作所为打动了太阳，它重新升上了天空，天地瞬间恢复了光明。而三位姑娘也在喜悦中闭上了眼睛，在死去

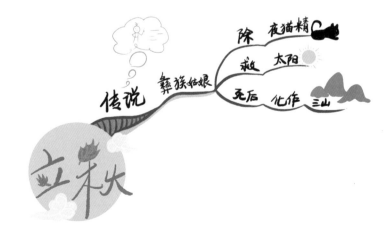

绘制思维导图第一部分

关于立秋的传说——三女找太阳

的一刹那，化作三座高高的山峰，这就是三尖山。后来，每到立秋这一天，当地人都会来到三尖山，载歌载舞，纪念这三个迎回太阳的勇敢姑娘。

节气小百科

立秋是二十四节气中的第十三个节气，也是秋季六个节气中的第一个。古人们发现，每当北斗星的斗柄指向地支申的方向，天气就会转凉，所以定此时为立秋。而现行的"定气法"以太阳到达黄经135°时为立秋。到了现代，人们则将立秋定为每年公历的8月7日—9日中的一天。

立秋寓意着秋季的来临，最大的变化就是暑气消退，天气转凉，正所谓"立秋之日凉风至"。立秋之后，气温将会逐渐下降，各种生物都会随着气候产生变化，例如树叶枯黄并落下，这就是所谓的"落叶知秋"。

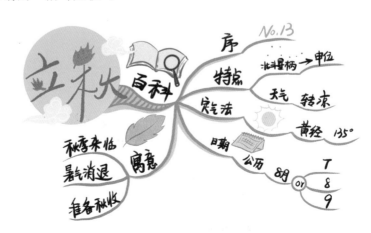

绘制思维导图第二部分

节气小百科

秋天是丰收的季节，而立秋又是古时候的"四时八节"之一，所以在这个时节，民间会有迎接秋天的祭祀活动，并做好了秋收的准备。

立秋时节的生物变化

在我国古时候，人们按照生物变化的规律，将立秋分为"三候"：

一候凉风至；二候白露生；三候寒蝉鸣。

立秋意味着凉爽的秋天已经来临，此时的秋风不再像夏天的风那样炎热；紧接着，早上会有雾气升腾，结出白色的露珠；然后，感到阴凉的寒蝉也开始鸣叫起来。

立秋时节，天气虽然开始转凉，但总体来说还是非常炎热的，此时的动物仍旧在为避暑而绞尽脑汁，但灵敏性比较强的动物已经感觉到秋天的到来，开始为秋天的活动做准备；而植物也仍旧茂盛地生长，但这恰恰是盛极而衰的转折点，因为立秋过后，大多数植物开始出现枯萎、落叶等现象。

绘制思维导图第三部分

立秋时节的生物变化

立秋时节的习俗

（1）啃秋。"啃秋"所啃的"秋"，其实指的是西瓜。在立秋的这天吃西瓜，可以清热解暑，还能防止秋天的干燥天气。

（2）晒秋。晒秋指的是在太阳底下晒收割的农作物。立秋时节，各种农作物纷纷趋于成熟，所以农民们搭棚支架，挂晒这些新收获下来的农作物，从而形成了"晒秋"的习俗。

（3）贴秋膘。在古时，由于粮食紧缺，普通老百姓勒紧裤头也只能吃个半饱，所以当时的人们大多是精瘦精瘦的，于是在秋天来临，丰收在望之际，大伙儿就寻思着吃一顿肉，补充一下营养，给自己长长膘，这就是"贴秋膘"的意思。

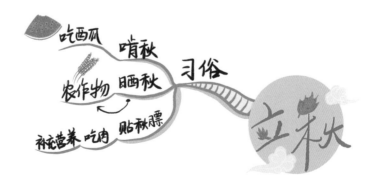

绘制思维导图第四部分

立秋时节的习俗

古诗词中的立秋

《立秋夕凉风忽至，炎暑稍消，即事咏怀……》
《立秋》　刘翰　白居易
唐宋　古诗词

立秋

立秋夕凉风忽至，炎暑稍消，即事咏怀，寄汴州

节度使李二十尚书（唐·白居易）

袅袅①檐树动，好风西南来。

红缸②霏微灭，碧幌③飘飖开。

披襟④有余凉，拂簟⑤无纤埃。

但喜烦暑退，不惜光阴催。

河秋稍清浅，月午方裴回⑥。

或行或坐卧，体适心悠哉。

美人在浚都，旌旗绕楼台。

虽非沧溟阻，难见如蓬莱。

蝉迎节又换，雁送书未回。

君位日宠重，我年日摧颓⑦。

无因风月下，一举平生杯。

【注释】①袅袅：形容细长柔软的东西随风摇动。
②红缸：灯盏。③碧幌：绿色的布帘。④披襟：敞开
衣襟。⑤簟：竹席。⑥裴回：徘徊。⑦摧颓：困顿。

绘制思维导图第五部分

古诗词中的立秋

立秋（宋·刘翰）

乳鸦①啼散②玉屏③空，一枕新凉一扇风。

睡起秋声④无觅处，满阶梧桐⑤月明中。

【注释】①乳鸦：幼小的乌鸦。②啼散：啼叫着飞散开来。③玉屏：这里指天空。④秋声：秋风吹拂的声音。⑤梧桐：这里代指梧桐叶。

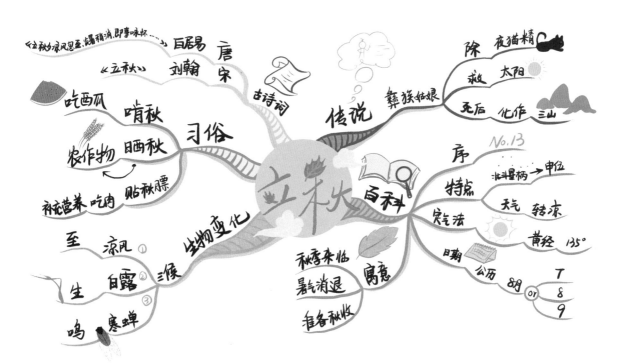

立秋
——
完整思维导图

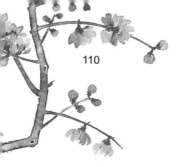

画出属于你的思维导图

　　每个人心中的思维导图都不一样，小朋友们，发挥你的想象力，画出你心中的思维导图吧！

处暑

祝融魂魄

　　传说在远古时期，有一位部落首领叫炎帝，他有一对子女，大儿子叫祝融，小女儿则叫女娃。

　　女娃是一个贪玩的小女孩，结果有一次在东海边玩耍时，不小心溺水身亡。女娃死后，化作一只叫精卫的小鸟，她发誓要填平大海，便每天往返于山林和大海之间，衔起小石头和小木棍就往海里填，日复一日，年复一年，永远就这么填下去，这就是著名的神话故事"精卫填海"。

　　自从女娃溺亡后，炎帝伤心过度，开始厌倦政事，结果位置被黄帝所取代。黄帝成为新的首领后，仍旧重用炎帝的大儿子祝融，并封他为火神，主理烟火和夏季的事务。祝融能力过人，而且又兢兢业业，所以深受黄帝的器重。可这也惹恼了一个心胸狭隘的大臣，他就是水神共工，每当看到祝融，他都会嫉恨不已。

　　这一天，共工又跟祝融相遇，他指着祝融骂道："水和火都是人们所不能缺少的，为什么黄帝要亲近你而疏远我呢？一定是你在暗中使坏！"说着，共工和祝融就争吵起来，很快又动手打起来。

　　这两位水火之神都神通广大，直打得天昏地暗，日月无光。可论实力，还是祝融比较强大，共工渐渐招架不住，最终败下阵来。羞怒之下，共工一头向着支撑天地的不周山撞去，只听轰隆一声巨响，不周山被撞倒了！一时间天塌地陷，生灵涂炭，人间一片哀号。后来多亏人类之母女娲炼石补天，这才使天地转危为安。

由于祸事是共工和祝融两人引起的，所以连带祝融也必须被处死。临死前，面对依依不舍的黄帝，祝融提出了一个请求——保留他的魂魄，并寄托在河中的莲花上，任其随波逐流，沿途感召因其闯祸而死难的亡灵，以赎回他的罪孽。

黄帝含着泪水答应了。因为祝融是管理夏季之神，所以处死祝融的那一天就被称为处暑。时至今日，许多地方的人们仍旧会在处暑这一天来到河边，将蜡烛点燃，放在制成莲花形状的纸船上，成为一盏河灯，象征着祝融的魂魄。再把河灯放置到河里，让它顺着河流漂向远方，以寄托对故世的亲人的思念。

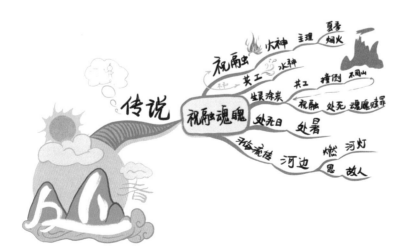

绘制思维导图第一部分

关于处暑的传说——祝融魂魄

节气小百科

处暑，即"出暑"，意为走出、离开暑热天气的意思，所以处暑时节意味着炎热天气的终止，随之而来的就是秋天的凉爽，秋风秋雨也接踵而至。

处暑是二十四节气中的第十四个节气，也是秋季六个节气中的第二个。古时候的人们就发现，当北极星的斗柄指向天干戊的方向时，暑气就开始消散，于是定此时为处暑。而现行的"定气法"以太阳到达黄经150°时为处暑。到了现代，人们则将处暑定为每年公历的8月22日—24日中的一天。

处暑时节进入了真正气象意义中的秋天，暑气一扫而空之时，也迎来了农作物收成的时候，农民们开始进行秋收工作，并做好种植新一轮秋冬作物的准备。

绘制思维导图第二部分

节气小百科

处暑时节的生物变化

在我国古时候，人们按照生物变化的规律，将处暑分为"三候"：

一候鹰乃祭鸟；二候天地始肃；三候禾乃登。

处暑时节，老鹰开始恢复生气，大肆捕猎其他鸟类，据说老鹰捕杀到猎物后，会先搁置一会儿，看似在摆置"祭品"，所以古人形象地形容老鹰是在"祭祀"；此时，万物凋零，天地间充满了肃杀之气；处暑同时又是谷物丰收的季节，这里的"禾"泛指此时成熟的五谷，"禾乃登"就是五谷丰登的意思。

进入处暑，秋意渐浓，动物纷纷出来加紧觅食，力图将自己养得胖胖的，以熬过未来白雪皑皑的严冬。所以，素食类的动物加快了啃食植物的速度，肉食类的动物则更加凶狠地捕食猎物，给秋天添加了更多的肃杀之气。在植物界，大多数植物达到成熟并开始凋零，可谓盛极而衰。

绘制思维导图第三部分

处暑时节的生物变化

处暑时节的习俗

（1）迎秋。中元节又称"迎秋"，一般定为农历七月十五日，是处暑时节的一种与祭祀有关的节日，在中元节前后，许多地方的人们会进行祭祖活动，并以此迎接秋天以及秋收时节的到来。

（2）放河灯。河灯一般是用纸、绢布等材料做成的荷花形状，能够在河上漂流的灯，所以也叫"荷花灯"。放河灯就是在荷花灯的中心放上一盏灯或者一根蜡烛，点燃灯或蜡烛后，再将整个荷花灯放在河边或者海边，任其漂向远方。放河灯有纪念逝去的人的用意，传说逝去的人如果得到河灯的照明，就能够托生。

（3）吃鸭子。在我国许多地方，盛行处暑吃鸭子的习俗，这是因为鸭子的味甘性凉，在此时食用，有清热解毒的功效，而且鸭肉的做法多种多样，总能够符合众多不同口味的人们。

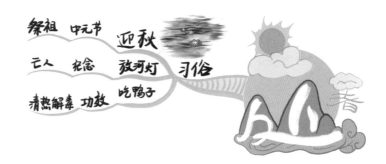

绘制思维导图第四部分

处暑时节的习俗

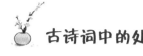

古诗词中的处暑

处暑后风雨（宋·仇远）

疾风①驱急雨，残暑②扫除空。

因识炎凉态③，都来顷刻中。

纸窗嫌有隙，纨扇④笑无功。

儿读秋声赋⑤，令人忆醉翁⑥。

【注释】①疾风：急促的劲风。②暑：暑气。③炎凉态：炎热和凉快的时候。④纨扇：古代用丝绸做成的团扇。⑤秋声赋：宋代著名文人欧阳修的辞赋作品。⑥醉翁：即欧阳修。欧阳修（1007—1072），字永叔，号醉翁，晚号六一居士，北宋政治家、文学家。

七月二十四日山中已寒二十九日处暑（宋·张嵲）

尘世①未徂②暑，山中今授衣。

露蝉声渐咽③，秋日景初微。

四海④犹多垒⑤，余生久息机⑥。

漂流空老大⑦，万事与心违。

【注释】①尘世：人间。②徂：过去。③咽：听起来显得悲切。④四海：全国各地。⑤垒：战乱。⑥机：生机。⑦老大：年老。

绘制思维导图第五部分

古诗词中的处暑

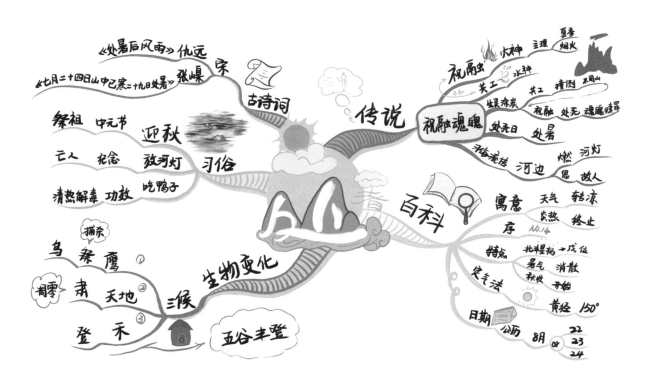

处暑

完整思维导图

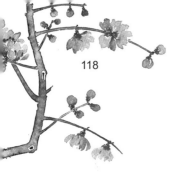

画出属于你的思维导图

　　每个人心中的思维导图都不一样，小朋友们，发挥你的想象力，画出你心中的思维导图吧！

白露

禹神的故事

传说在上古时期，我国的中原地带发生了一场特大的洪水，淹没了无数良田村落，吞噬了万千生命，给人民带来无穷无尽的灾难。当时的部落首领尧决定要平息洪灾，于是任命鲧负责治理洪水。

鲧采取"堵"的办法，哪里有洪水就堵哪里，可是洪水的水流实在是太大太猛，结果就是这边刚堵好，那边又被冲垮，顾此失彼，结果鲧的治水活动忙活了整整九年，不仅毫无进展，洪水还比从前闹得更大了。

就在鲧苦苦地与洪水缠斗的时候，舜接替了尧的位置。他上任后，视察洪水灾情，看到鲧治水不力，非常生气，就把鲧抓起来，在一个叫羽山的地方将他处死。

鲧被处决了，但洪水依旧肆虐，该派谁去继续治水呢？经过了一番慎重考虑，舜选中了鲧的儿子禹来治水，完成其父未竟之业。

禹吸取了父亲治水失败的教训，将以往以"堵"为主的治水方法，改为了以疏导为主，他带领民工挖出了许多沟渠，将洪水分流进大江大海。为了勘察地势，禹亲力亲为，不畏艰险，跋山涉水，足迹踏遍了洪水泛滥区的每一个角落，导致长期下来，禹走路也变得一拐一拐的，大家都心疼地称之为"禹步"。即便如此，禹还是不敢有丝毫的懈怠，曾经好几次经过自家门口，也没有进去看望一下亲人。有一次，当他又一次经过家门时，刚好遇到他的儿子启出世了，孩子哇哇的哭喊声触动了作为父亲的心，他真想进去抱一抱、亲一亲自己的孩子，但最后还是咬咬牙，反而加快了离去的脚步。

就这样经过了整整十三年与洪水的斗争，祸害多年的大洪水终于被禹有效地控制住了，大地恢复了安宁，人们也渐渐过上了安稳的日子。因为治水的功绩，禹成为万众瞩目的英雄，被尊称为"大禹"，到了舜年老时，还把首领的位置禅让给了他。

后代为了纪念大禹的功劳，尊他为"禹神"，在每年的白露时节，都会举行祭祀"禹神"的活动。

绘制思维导图第一部分

关于白露的传说——禹神
的故事

白露，意为露凝而白，就是说在白露这个时节里，昼夜温度相差很大，当夜色降临后，气温骤降，空气中的水汽遇冷，在物体上凝结成密集细小的水滴，一眼望过去，白茫茫一片，故称之为白露。

白露是二十四节气中的第十五个节气，也是秋季六个节气中的第三个。现行的"定气法"以太阳到达黄经165°时为白露。到了现代，人们则将白露定为每年公历的9月7日—9日中的一天。

白露已经步入仲秋时分，虽然白天气温仍旧偏高，但晚上的天气已然凉透。由于早晚温差较大，许多生物的生活会受到较大的影响。对于人而言，夜间注意保暖是保持身体健康的关键。

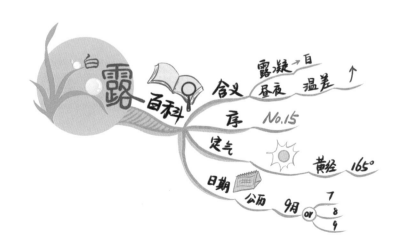

绘制思维导图第二部分

节气小百科

白露时节的生物变化

在我国古时候，人们按照生物变化的规律，将白露分为"三候"：

一候鸿雁来；二候元鸟归；三候群鸟养羞。

白露时节，天气转凉，大雁等候鸟开始飞往南方避寒，正所谓"八月十五雁门开，雁儿头上带霜来"；接着，燕子也步大雁的后尘，开始飞往南方；而其他的鸟类则开始储存食物，以应付冬天的到来。

除了"三候"所说的鸟类，其他动物也开始进行过冬的准备，它们会像鸟类一样或者迁徙到温暖的地方，或者储存食物。尤其是羚牛、斑马等大型食草类动物，迁徙时，动辄数十万上百万一起行动，可谓是千军万马，场面非常壮观。

而在植物方面，除了农作物进入了丰收阶段，还要进行防火护林工作，因为秋天的干旱所造成的干燥空气，会对山林造成严重的火灾威胁。

绘制思维导图第三部分

白露时节的生物变化

白露时节的习俗

（1）祭禹王。禹王指的就是我国远古传说中的治水英雄大禹，因为其治水有功，许多地方的人们称他为"水路之神"。每逢白露时节，这些地方都会举行祭祀大禹的仪式，以保佑风调雨顺。

（2）吃龙眼。龙眼指的是南方一种甘甜带壳的水果。在南方一些地方有白露吃龙眼的习俗，据说在此时节食用龙眼，会对身体起到滋补的作用。

（3）喝白露茶。在民间，流行着白露时节喝茶的习俗。与春天的茶的甘苦滋味不同的是，此时的秋茶带有一种甘醇的清香，这得益于茶叶经过一热一凉的夏秋季节的生长，已经脱去了清苦干涩的味道，所以白露茶更受人们的喜爱。

（4）喝白露米酒。在南方一些地区，每当白露时节一到，家家户户都会用糯米、高粱等谷物酿米酒，称为白露米酒。白露米酒味道甘甜，是秋季招待客人的佳酿。

绘制思维导图第四部分

白露时节的习俗

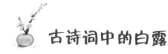 **古诗词中的白露**

白露（唐·杜甫）

白露团①甘子，清晨散马蹄。

圃②开连石树，船渡入江溪。

凭几看鱼乐，回鞭急鸟栖。

渐知秋实③美，幽径④恐多蹊⑤。

【注释】①团：成团。②圃：菜园。③秋实：秋天成熟的果实。④幽径：清幽的小路。⑤蹊：小路。

《白露》 杜甫 唐
古诗词

水路之神 =大禹
风调雨顺 祈 祭禹王
滋补 吃龙眼 习俗
白露米酒 喝
鹰嘴清香 秋茶 白露茶

传说 禹神
上古洪水
鲧 堵 顾此失彼 失败
禹 子 疏 不畏艰险 过门不入 成功
后世纪念 尊 禹神 祭 鳝

百科 含义 露凝 白 昼夜 温差 ↑
序 No.15
定气 黄经 165°
日期 公历 9月 or 7 8 9

南方避寒 来 鸿雁 ①
燕子 归 元鸟 ②
储存食物 养羞 群鸟 ③
三候 生物变化

白露

完整思维导图

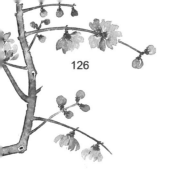

画出属于你的思维导图

每个人心中的思维导图都不一样，小朋友们，发挥你的想象力，画出你心中的思维导图吧！

秋分

后羿射日和嫦娥奔月

相传远古的时候，天上曾有十个太阳，晒得海水干涸，大地几乎要冒烟，天下民不聊生。有个叫后羿的英雄力大无比，只见他张弓搭箭，对准一个太阳就射，只听嗖的一声，一个太阳就被射下天空，顷刻间化作一只三足鸟掉在地上。后羿继续对准太阳射箭，一口气射下了九个太阳，只留下一个太阳按时起落，照耀大地。后羿此举造福了老百姓，受到老百姓的爱戴。

后羿的妻子名叫嫦娥，美丽贤惠，心地善良，大家都非常喜欢她。

凡人注定会死亡，为了能和妻子永远在一起，后羿来到昆仑山，向西王母求得一颗长生不老仙药，这颗仙药若两人分食，则两人都可以长生不老，若一人独食，这人便可以升天成仙。后羿带着仙药回到嫦娥身边，想找个时间两人一起分食，就把长生不老药交给嫦娥收藏起来。

后羿的射箭技术被人们称赞，受到很多年轻人的仰慕，他们纷纷前来拜师学艺。其中有个人叫蓬蒙，是个奸诈小人，一心想偷吃长生不老药，好让自己升天成仙。

这一年的八月十五，后羿带着众人出门打猎去了。天近傍晚，蓬蒙闯进嫦娥的家里，威逼嫦娥交出可以升天的长生不老药。

迫不得已，仓促间嫦娥把药吞进肚里。突然她身轻如燕，飘出窗口，直上云霄。

由于嫦娥深爱自己的丈夫后羿，最后她就在离地球最近的月亮上住了下来。

得知这个消息，后羿心如刀绞，拼命朝月亮追去。可是，他追一步，月亮跑一步，永远也追不上。后羿思念嫦娥，只能望着月亮出神，此时月亮也格外圆，格外亮，就像心爱的妻子在望着自己。

嫦娥虽然成了神仙，住进了美丽的月宫，但月宫上的孤寂冷清也让她感到更加思念后羿，她只能每天在月亮上望着地面。

由于嫦娥奔月的时候刚好是秋分时节里的中秋节，也就是农历八月十五日。从此以后，每到八月十五，后羿和乡亲们都会祭月，寄托对嫦娥的思念。后来八月十五被人们称为团圆节，寄托对家人的思念之情。

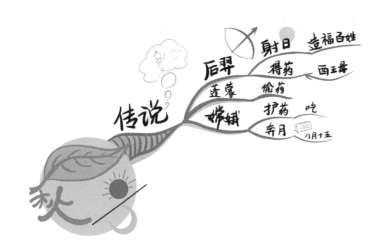

绘制思维导图第一部分

关于秋分的传说——后羿射日和嫦娥奔月

　　秋分恰好处于秋天的中段，所以"秋分"中的"分"有"一半"的意思，"秋分"就是秋天的一半，所谓"平分秋色"。

　　秋分是二十四节气中的第十六个节气，也是秋季六个节气中的第四个。在古代，人们发现当北极星的斗柄指向已位时，恰好秋季过了一半，所以定此时为秋分。现行的"定气法"以太阳到达黄经180°时为秋分。到了现代，人们则将秋分定为每年公历的9月22日—24日中的一天。

　　在秋分，许多农作物到了丰收的阶段，这时农民们忙于收获农作物，所以我国还将秋分这天定为"中国农民丰收节"。

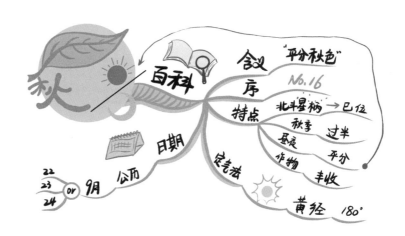

秋分时节的生物变化

在我国古时候，人们按照生物变化的规律，将秋分分为"三候"：

一候雷始收声；二候蛰虫坯户；三候水始涸。

秋分到来之后，天上不再打雷了；在泥土中蛰居的虫子开始"修缮"洞穴，防止寒冷的空气侵入；秋季日渐干燥，许多江河湖泊的水量也减少了。

秋分时节，许多动物开始积聚体内的脂肪，以迎接日渐临近的冬季，所以这时候的动物都是"白白胖胖"的，就如俗话所说的"蟹肥菊黄""秋风起，三蛇肥"。秋天又是一个肃杀的季节，一些弱小的动物纵然吃得再肥壮，如果一不小心，也会成为天敌的过冬美食。

绘制思维导图第三部分

秋分时节的生物变化

秋分时节的习俗

（1）秋祭月。在我国民间的许多地方，秋分是传统的"祭月节"，在这一天，设一个香案，摆上许多水果、糕饼拜祭月神，以祈求全家幸福。

（2）吃秋菜。"秋菜"指的是一种野生的苋菜。在秋分时节，南方一些地区的人们会采来"秋菜"，跟鱼片一起熬汤，称为"秋汤"，这种"秋菜"做成的汤，能够清洗五脏六腑，使人身强体壮。

（3）竖鸡蛋。在春分时节，民间有竖鸡蛋的习俗，而到了秋分，同样也有这种习俗。这时，大家一起拿着鸡蛋比赛，看看谁能够将鸡蛋竖立起来，正所谓"秋分到，蛋儿俏"。

绘制思维导图第四部分

秋分时节的习俗

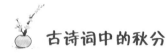 古诗词中的秋分

《水调歌头》苏轼 宋

古诗词

秋

水调歌头·明月几时有（宋·苏轼）

（丙辰中秋，欢饮达旦，大醉，作此篇，兼怀子由①。）

明月几时有？把酒②问青天。

不知天上宫阙③，今夕是何年。

我欲乘风归去，又恐琼楼玉宇④，高处不胜⑤寒。

起舞弄清影⑥，何似在人间。

转朱阁，低绮户，照无眠⑦。

不应有恨⑧，何事长向别时圆？

人有悲欢离合，月有阴晴圆缺，此事古难全。

但愿人长久，千里共⑨婵娟⑩。

【注释】①子由：苏轼的弟弟苏辙。②把酒：拿起酒杯。
③宫阙：宫殿。④琼楼玉宇：美玉建成的楼宇，这里指天上的
宫殿。⑤不胜：经受不了。⑥弄清影：在月光下起舞时的影子。
⑦无眠：没有睡意。⑧恨：遗憾。⑨共：一起欣赏。⑩婵娟：
在月宫中居住的嫦娥，这里指月亮。

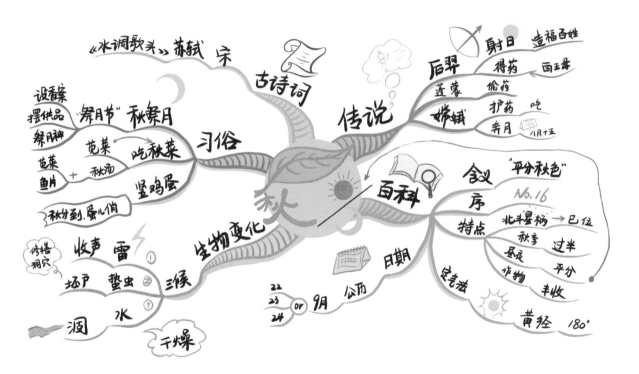

秋分

完整思维导图

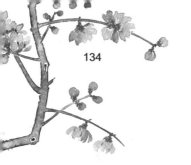

画出属于你的思维导图

　　每个人心中的思维导图都不一样，小朋友们，发挥你的想象力，画出你心中的思维导图吧！

寒露

荞麦不过寒露

在远古的时候，农业不像现在这么发达，人们想吃饱肚子可不是一件容易的事。正所谓"看天吃饭"，所以每当天上不下雨或者下太多雨，都会形成旱灾和涝灾，如果再背运点，出现蝗灾、战乱等其他因素，那人们就真的处于生死存亡的关头了。但说来说去，最重要的还是种植的谷物，人们时常想，如果有一种谷物容易种植，而且在短期之内就能成熟，那该多好啊！

有一年，天下又发生了大旱灾，旱灾过后又引发了大饥荒，许多人活活饿死。这时候，有一个叫小乔的仙女从天上目睹了人间惨状，非常痛心，于是就想有什么法子能够解救凡间的万物。忽然间，她想起天庭的粮仓里有一种仙麦能够在地上大量种植，于是她就趁守卫粮仓的仙官不注意，偷偷潜进粮仓，偷了一把仙麦种子出来。

仙种得手后，小乔火速偷偷下凡，将种子分发给饥民。说来也真神奇，种子被种下后，不久就长出了麦穗，很快就到了收割的时候。人们吃到了仙麦，存活了下来，灾情终于得以缓解。

人间的灾情就这样平复了，天上的玉皇大帝觉得奇怪，于是派人下界查看，发现解救凡间人类的是天上的仙麦，很明显，这一定是有人把仙种偷偷拿下天界。玉皇大帝勃然大怒，下令彻查，很快就查出是小乔所为。

玉皇大帝下令将小乔押上凌霄宝殿，喝问："大胆小乔，你为何私自携带仙种下凡？"

小乔不屈不挠地答道："凡间饥荒，生灵涂炭，我不忍看到如此惨状。"

玉皇大帝又问道："凡间自有凡间的造化，你擅自改变，可知罪过？"

小乔仍旧倔强地答道："我只知道要挽救凡间世人，不知其他罪过，如果要以此定罪，我任凭处置。"

玉皇大帝被小乔的正气威慑住了，两旁的众仙官也有所感动，纷纷出来求情，

玉皇大帝只好打个圆场，对众仙官问道："对小乔的处置可以容后再议，但仙种已经为凡间所得，无法收回，这可怎么办呢？"

这时，秋神蓐收对玉皇大帝禀告："此仙麦虽为仙种，但耐寒力弱，我们只需在人间的寒露时节给人间下一场寒潮，就能将仙麦从凡间绝迹。"

玉皇大帝听了，觉得是一个好主意，就让蓐收去完成这件事。但是蓐收还是心向着小乔和凡间的人们，他阳奉阴违，暗暗派人到凡间，教人们在寒露到来之前，

绘制思维导图第一部分

关于寒露的传说——荞麦不过寒露

将仙麦收割完毕，因而到了寒潮来临之际，仙麦早就进了凡间的粮仓里了。从此以后，这种仙麦就一直在凡间成长，为人们提供了救命的粮食。

人们为了纪念仙女小乔，就将她带到人间的仙麦称为荞麦，还流传出一个谚语："荞麦不过寒露"，以此来规定荞麦的收割季节。

节气小百科

寒露取自"九月节，露气寒冷，将凝结也"，意思就是指这个时节的露水更加寒冷，都快凝成霜了。

寒露是二十四节气中的第十七个节气，也是秋季六个节气中的第五个。现行的"定气法"以太阳到达黄经195°时为寒露。到了现代，人们则将寒露定为每年公历的10月7日—9日中的一天。

寒露临近冬季，我国西北一些地区已经是大雪纷飞了。在这个较为寒冷的时节，万物做好了迎接冬季的准备，尤其是农作物，更是要注意收获和整顿的时间。

绘制思维导图第二部分

节气小百科

138

寒露时节的生物变化

在我国古时候，人们按照生物变化的规律，将寒露分为"三候"：

一候鸿雁来宾；二候雀入大水为蛤；三候菊有黄华。

寒露时节，大雁等候鸟排成整齐的队列飞往南方过冬；与此同时，海边会出现许多贝壳类的动物，由于它们身上的条纹像极了雀鸟，所以被人形象地形容为雀鸟飞入水里变成了蛤蜊；金色的秋菊在此时全面开放。

寒露时节是动物准备过冬的时节，有的动物开始长出厚厚的绒毛，有的筑起温暖的窝巢，有的奔赴温暖的地方避寒。而植物除了耐寒之类的，其他的也纷纷缩减枝叶，保存养分，以待来年重放光彩。

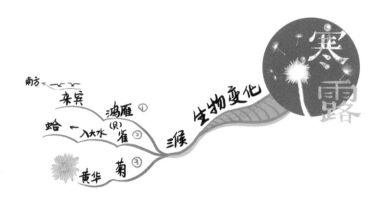

寒露时节的习俗

（1）登高。重阳节是寒露期间重要的节日，而登高是重阳节最重要的节日习俗。登高寓意步步高升之意，而且在秋天登高，不仅能强身健体，还能达到抒发内心、缓解压力的效果。

（2）赏菊。"待到秋来九月八，我花开时百花杀。冲天香阵透长安，满城尽带黄金甲。"寒露时节，正值菊花盛开之时，随着秋意越浓，菊花开得也更美艳，此时观赏菊花，心头必定会充满无尽的诗意。

（3）赏枫叶。寒露时期，许多地方有赏枫叶的习俗，但此时的枫叶还没达到最美丽的时候，只有再过一段时节，才能感受到"霜叶红于二月花"的美景。

（4）吃花糕。花糕是一种夹杂着干果、果脯、蜜饯的糕点，在寒露时节食用，其音"糕"跟重阳节登高的"高"都寓意"步步高升"之意，有着吉利的象征。

（5）饮菊花酒。寒露菊花盛开的时节，用菊花来酿酒，登高之后，招呼亲朋好友，一起来品尝菊花酒的滋味，不仅满口菊花的醇香，还对身体有着清肝明目的功效。

绘制思维导图第四部分

寒露时节的习俗

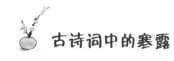

古诗词中的寒露

月夜梧桐叶上见寒露（唐·戴察）

萧疏①桐叶上，月白露初团②。

滴沥③清光满，荧煌④素彩⑤寒。

风摇愁⑥玉坠，枝动惜珠干。

气冷疑⑦秋晚，声微觉夜阑⑧。

凝空流欲遍，润物净宜看。

莫厌窥临倦，将晞⑨聚更难。

【注释】①萧疏：稀疏。②团：成团。③滴沥：水珠流下的声音。④荧煌：闪耀。⑤素彩：月光。⑥愁：担心。⑦疑：猜想。⑧夜阑：夜深。⑨晞：晒干。

池上（唐·白居易）

袅袅①凉风动，凄凄②寒露零③。

兰衰④花始白⑤，荷破叶犹青。

独立栖沙鹤，双飞照水萤。

若为寥落⑥境，仍值⑦酒初醒。

【注释】①袅袅：缭绕上升。②凄凄：凄冷。③零：

绘制思维导图第五部分

古诗词中的寒露

凝结。④衰：凋零。⑤白：发白。⑥寥落：静寥落寞。⑦值：当……的时候。

寒露
——
完整思维导图

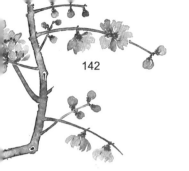

画出属于你的思维导图

每个人心中的思维导图都不一样，小朋友们，发挥你的想象力，画出你心中的思维导图吧！

霜降

救命的柿子

这是一个关于明朝皇帝朱元璋的故事。

相传元朝末年，朝廷腐败，贪官污吏横行，加上天灾人祸，导致天下大乱，许多人挣扎在死亡的边缘。这些人当中有一个名叫朱重八的年轻人，他的家乡遇到了严重的旱灾，导致田里颗粒无收，父母都饿死了，他只好一个人流落他乡，靠乞讨为生。

这一天，恰逢霜降时节，天气已经非常寒冷，乞讨在外的朱重八又饿又冷，在山间走路时，不小心一个趔趄就滚下了山坡，晕死过去。等他睁开眼睛时，发现自己正好被一棵柿子树拦腰挡住，这才没有摔死，再抬头一看，树上结满了柿子。朱重八喜出望外，急忙爬上柿子树，摘下柿子就往嘴里塞，保住了自己的性命。

不久之后，中原爆发了农民起义，朱重八也参加了起义军，并改名为朱元璋。凭着自己多年锻炼出来的韧性和智慧，朱元璋很快就成为雄踞一方的领袖，但这对于当时群雄并立的天下来说，还远远不够，弄不好还会被其他势力吞并。

如何才能使自己的势力得以发展，并统一全国呢？

朱元璋苦苦思索着。

一天晚上，朱元璋做了个梦，梦见自己又来到当年救命的柿子树前，有一位神仙站在树下，笑吟吟地对他说了一句："柿子救命，士子治国。"

朱元璋醒来后，回味起这个梦，猛然醒悟："这是要我多加招揽人才啊！"

从此以后，朱元璋就注意招揽人才，很快就召集了一大帮才能出众的文臣武将，帮助他打下江山，推翻了腐朽的元王朝，建立了新的大明王朝。

朱元璋当了皇帝之后，念念不忘救命的柿子树，特意又选择在一个霜降日里，带领文武大臣来到这棵柿子树下，向这群帮助他打下江山的功臣们讲述了当年柿子救命的故事。当说到动情的时候，朱元璋竟然情不自禁地解下身上的红色斗篷，将它围在柿子树的树干上，说："'柿子救命，士子治国'，这棵柿子树也是朕的功臣，朕要封它为侯，就叫凌霜侯吧！"群臣见状，也感动地山呼万岁。

从此以后，柿子救命的故事就这么流传下来，民间也逐渐形成在霜降这一天吃柿子的习俗。

绘制思维导图第一部分

关于霜降的传说——救命的柿子

　　霜降，顾名思义，就是在这个时节里会出现降霜的现象，可谓"秋风萧瑟天气凉，草木摇落露为霜"。

　　霜降是二十四节气中的第十八个节气，也是秋季六个节气中的最后一个。现行的"定气法"以太阳到达黄经210°时为霜降。到了现代，人们则将霜降定为每年公历的10月23日或24日中的一天。

　　霜降是秋天的结尾，霜降过后，寒冷的冬天就会来临，这时候的天气普遍寒冷，下霜是这个时节的特点，此时的世间万物就要做好防止受到霜冻侵害的准备。

绘制思维导图第二部分

霜降时节的生物变化

在我国古时候，人们按照生物变化的规律，将霜降分为"三候"：

"一候豺乃祭兽；二候草木黄落；三候蜇虫咸俯。"

豺狼在霜降时节仍旧在捕食猎物；地上的草、树上的叶子也开始枯黄、凋零；蛰伏在地上的虫子全都进入了冬眠状态。

霜降时分，许多动物开始冬眠，而一些不怕严寒的动物则仍旧活跃在霜满天的世界上。同时，一些同样无惧严寒的植物也依然挺立如初，例如霜降过后，枫树的树叶开始变成红色，漫山遍野地展现出"霜叶红于二月花"的壮观景象。

绘制思维导图第三部分

霜降时节的生物变化

霜降时节的习俗

（1）吃柿子。在我国的一些地区，霜降时节有吃柿子的习俗，人们认为，在此时节吃柿子，不仅能御寒暖身，还能强身健体。

（2）送芋鬼。在南方的一些地方，霜降来临之前有送芋鬼的习俗。送芋鬼就是用瓦片堆砌成塔状，然后放火将"塔"烧至通红，再推倒"塔"，把烧红的瓦片拿回家，用来烫熟芋头，吃上一顿"打芋煲"。事毕，再将瓦片丢弃，称为送芋鬼，以起到逢凶化吉的作用。

（3）寒衣节。寒衣节是在晚秋时期的一种祭祖扫墓活动，也称"十月朝""祭祖节""冥阴节""鬼节"等。在此节日里，人们来到祖先的坟墓前，焚烧用纸制作的衣服，以表示给逝去的亲人送去御寒的衣物，以此寄托对先人的哀思。

（4）秋补。秋补指的是在秋天里进补身子的意思，这时候，羊肉是最受欢迎的食物，此外还有"迎霜兔肉"，指的是经过霜降的兔子肉，味道同样鲜美。

绘制思维导图第四部分

霜降时节的习俗

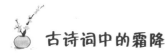 **古诗词中的霜降**

《山行》杜牧
《泊舟盱眙》常建 唐
古诗词
shuang
雨相降

山行①（唐·杜牧）

远上寒山②石径③斜，白云生④处有人家。

停车坐⑤爱枫林晚⑥，霜叶红于⑦二月花。

【注释】①山行：在山中行走。②寒山：深秋时寒冷的山。
③石径：石子铺成的小路。④生：一作深。⑤坐：因为。⑥晚：
傍晚。⑦于：比……还。

泊舟盱眙①（唐·常建）

泊舟②淮水③次④，霜降夕流清。

夜久潮侵岸，天寒月近城。

平沙⑤依⑥雁宿，候馆⑦听鸡鸣。

乡国云霄外，谁堪羁旅⑧情。

【注释】①盱眙：地名，在今江苏省。②泊舟：停船。
③淮水：淮河。④次：处。⑤平沙：广阔的沙地。⑥依：任凭。
⑦候馆：驿馆。⑧羁旅：寄居他乡。

霜降

完整思维导图

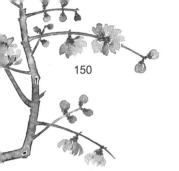

画出属于你的思维导图

每个人心中的思维导图都不一样，小朋友们，发挥你的想象力，画出你心中的思维导图吧！

冬季篇

立冬、小雪、大雪、冬至、小寒、大寒

冬雪雪冬小大寒

立冬

饺子的故事

汉朝时，有一位名医叫张仲景，他在长沙当官的时候，不但为官清正，还关心民间疾苦，他身兼医生的角色，在出外巡视时，如果见到生病的老百姓，就会伸出援手，给予救治。

有一年，在立冬这一天，寒风刺骨，大雪纷飞，但张仲景仍旧不辞劳苦，坚持外出巡视。当他来到一条小河边，看到许多贫苦的老百姓面黄肌瘦，骨瘦如柴，衣不附体，在寒风下冻得瑟瑟发抖，近前一看，有的人的耳朵也被冻烂了。

张仲景看在眼里，痛在心头，心想：如果能够制作出一种让老百姓吃了身体暖和的食品，那该多好啊！

回到家里，张仲景一边思量着，一边用面团包着一些肉和菜，因为想着老百姓们冻烂的耳朵，所以他不知不觉就把面团捏出了一个耳朵的形状。

等张仲景低头看到手中的"耳朵"，突然想到了一个办法："我何不多做点这些'耳朵'，拿去给冻饿的老百姓吃呢？"

主意打定，张仲景连忙叫来几名随从，买来肉和菜，一齐剁馅、和面、擀面皮，然后用面皮包馅捏成耳朵形状。不大一会工夫，他们就这样包了很多"耳朵"。"耳朵"包好后，张仲景让人挑着来到河边，当众架起大锅，烧上一锅滚烫的热汤，再把这些"耳朵"倒入汤中，没多久，一股浓郁的香味就从锅里飘逸开来。

闻到香味，饥民们都围拢过来，盯着锅里的"耳朵"，个个流着口水。张仲景急忙吩咐随从将"耳朵"从锅里捞起来，盛在碗里，分给大伙儿吃。饥民们接过来，狼吞虎咽地吃着"耳朵"，很快就觉得浑身发热，缓过劲儿来。

吃了"耳朵"后，大伙儿激动地跪倒在张仲景面前，感谢他的大恩大德，张仲景急忙扶起大伙儿。这时有人问道："请问大人，您给我们吃的是什么东西啊？真是太好吃了！"

张仲景瞧了瞧锅里的"耳朵"，再看着大伙儿吃了"耳朵"后，自己冻坏的耳朵重新有了血色，于是就笑着说："这是'娇耳'啊！"

从此以后，张仲景的"娇耳"就流传开来，渐渐演变成今天的饺子。后来，每到立冬时节，人们就会包饺子吃，饺子也成为一种御寒的美食。

绘制思维导图第一部分

关于立冬的传说——饺子的故事

　　立冬是秋天和冬天相交的时节，立冬之后，气候就进入了寒冷的冬天，气温逐渐降低，日照时间也逐渐缩短。"冬"原意为"终"，冬天的意思就是指一年的最后一个季节，冬天过后，一年也过去了，并迎来新的一年。

　　立冬是二十四节气中的第十九个节气，也是冬季六个节气中的第一个。现行的"定气法"以太阳到达黄经225°时为立冬。到了现代，人们则将立冬定为每年公历的11月7日或8日中的一天。

　　立冬在民间是"四时八节"之一，在古代是一个非常重要的节日。直到现在，人们还会在这一天举行祭祀等节日活动来庆祝或者祈福。

绘制思维导图第二部分

节气小百科

立冬时节的生物变化

在我国古时候，人们按照生物变化的规律，将立冬分为"三候"：

一候水始冰；二候地始冻；
三候雉入大水为蜃。

立冬到来之后，随着天气的逐渐寒冷，已经到了"滴水成冰"的地步；随之而来的就是大地开始封冻，就像有的地方，田地间的泥土冻成了一块一块的冰疙瘩；与此同时，许多像野鸡之类的鸟类已经不见了，而海中的贝壳类动物的花纹却很像这些鸟类的花纹，所以古人们形象地将这些鸟类比喻为水里的贝类，说冬天一到，野鸡们就变成了水里的蜃啦！

立冬时分，随着秋收的完毕，许多动物已经很难找到食物，再加上天寒地冻，于是干脆好好去睡上一个长长的越冬觉，等待明年开春再出来。至于植物，许多树木掉光了树叶，变得光秃秃的，以减轻水分的流失。

绘制思维导图第三部分

立冬时节的生物变化

立冬时节的习俗

（1）贺冬。古人们认为，在经过了秋收的繁忙之后，立冬就是休养生息，享受丰收成果的时候，所以在这时，人们就要举行祭祀活动，并大摆酒宴，以感谢上天赐予的丰收成果，并期待来年也是风调雨顺。

（2）补冬。冬天来临后，人们认为要增加食量才能驱赶冬天的寒冷，所以在立冬时节，人们会进食一些肉类等热量高的食物作为进补，所以称之为"补冬"。

（3）开炉节。在立冬之后，有些地方由于湿寒天气持续，所以会在冬天设置暖炉，以起到驱寒去湿的作用，于是，人们往往在立冬这一天添设暖炉，久而久之就形成了一个"开炉节"。"开炉节"这一天，人们围坐在新添置的暖炉前，大块吃肉，大口喝酒，好不畅快惬意！

（4）祭冬神。传说冬神名叫禺强，长得人面鸟身，耳朵上挂着两条青蛇，脚下还踩着两条会飞的红蛇，能够在冬季保护世间万物。所以立冬这天，人们就会举

绘制思维导图第四部分

立冬时节的习俗

行祭祀冬神的活动，以祈求冬神的保佑。

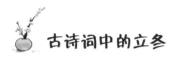 **古诗词中的立冬**

立冬（唐·李白）

冻笔①新诗懒写，寒炉②美酒时温。

醉看墨花③月白，恍疑④雪满前村⑤。

【注释】①冻笔：被寒冷天气冻硬的毛笔。②寒炉：寒冷时节生起的炉火。③墨花：砚石上墨渍的花纹。④恍疑：就好像。⑤前村：村头。

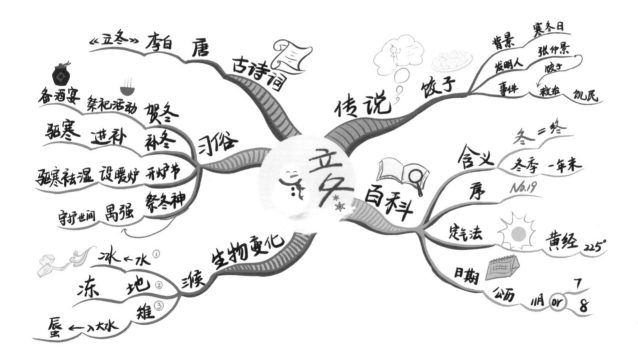

《立冬》 李白 唐 古诗词

传说 饺子
背景 寒冬日
发明人 张仲景
事件 饺子
救治 饥民

备酒宴 祭祀活动 贺冬
驱寒 进补 补冬 习俗
驱寒祛湿 设暖炉 开炉节
守护世间 禺强 祭冬神

立冬 百科

含义 冬=终
冬季 一年末
序 No.19
定气法 黄经 225°
日期 公历 11月 or 7 8

冰←水① 生物变化
冻 地② 雉
蜃←入大水 雉③

立冬
完整思维导图

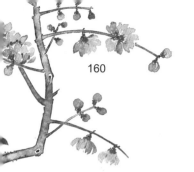

画出属于你的思维导图

　　每个人心中的思维导图都不一样，小朋友们，发挥你的想象力，画出你心中的思维导图吧！

小雪

青女峰的故事

在河南洛阳有一座青要山，山上有一座山峰叫青女峰，在其顶峰立着一根十来米高的石柱，远远望过去，这根石柱就像一个亭亭玉立的少女，所以当地人也形象地称它为"闺女石"。据说"闺女石"就是青女的化身，而青女则是掌管冰雪的女神。

传说在上古时代，蚩尤兴兵作乱，黄帝与其进行激战，最终在涿鹿击败了蚩尤军队，并斩杀了蚩尤，使中华大地恢复了安宁。在平乱的诸多功臣中，有一位叫武罗的姑娘出力颇多，于是被封为青要山女神，职责就是掌管人世间的婚姻。

新官上任，自然春风得意，可正当武罗放开拳脚想大干一场时，却发现人间在刚刚经历了战争之后，满目疮痍，赤地千里，恰好这时又遇上罕见的大旱灾，旱灾之后紧接着又爆发了大规模的瘟疫，一时之间，民不聊生，哀号遍野。

武罗目睹人间惨状，十分难受，心想："我是掌管婚姻的神，老百姓生活得那么悲惨，怎么会有美好的婚姻呢？不行，我一定要设法解救他们！"

主意打定后，武罗到处打探解救人间的办法。不久，她就打听到月亮上的广寒宫住着一位降霜仙子，名叫青女，这位青女神通广大，只要她向人世间洒下霜雪，就能洗涤掉人世间的污秽邪气，清除瘟疫瘴毒，使人间恢复清平。

于是，武罗赶到广寒宫，见到青女，跟她道明了来历，并请求她向人间洒下霜雪，以拯救黎民百姓。青女被武罗的真诚打动了，爽快地答应了下来。

在小雪的这一天，武罗和青女降临青要山，开始了拯救人间的行动。但见青女站在青要山最高的一座山峰上，轻轻地拨弄着七弦琴，顿时，优美的天籁之音响彻人间。随着动听的乐律，洁白晶莹的雪花纷纷扬扬地飘落而下，涤荡人间的污垢，净化天下的山山水水，一时间，干旱消失了，瘟疫消失了，许多人的疾病也痊愈了，人间重新恢复了安静祥和。

青女布施完法术之后，变出一个分身化为石柱，立在青要山顶上，以便时刻注视民间疾苦，然后就返回了广寒宫。每逢小雪时节，这个化身就会化为青女的模样，施展法术，将纯净的霜雪洒向人间。而武罗则继续在青要山上守护着人间，为人间带来喜事连连。

绘制思维导图第一部分

关于小雪的传说——青女峰的故事

节气小百科

　　小雪取自"小雪气寒而将雪"，意思就是说在这个时节，由于天气寒冷，天上降下来的雨会变成雪，但雪量还比较小，故称为"小雪"。

　　小雪是二十四节气中的第二十个节气，也是冬季六个节气中的第二个。现行的"定气法"以太阳到达黄经240°时为小雪。到了现代，人们则将小雪定为每年公历的11月22日或23日中的一天。

　　小雪时节，我国大部分地区会出现大幅降温的天气，北方更是成为一片冰天雪地的世界。但相比即将到来的下一个大雪时节来说，小雪的降雪强度仍旧比较小，所以只能以"小雪"来形容。

绘制思维导图第二部分

节气小百科

小雪时节的生物变化

在我国古时候，人们按照生物变化的规律，将小雪分为"三候"：

一候虹藏不见；二候天气上升地气下降；三候闭塞而成冬。

小雪时节，由于天气越来越寒冷，雨后日头下看不见彩虹了；此时的天地间阳气上升，阴气下降，出现所谓的"阴阳不交"，使万物失去生机；在如此闭塞的环境中，昭示着严冬真正到来了。

很多动物害怕冬天，因为冬天的食物匮乏，很难保持温暖的体温，连在野外走动一下都很困难，所以它们一般都会在冬天选择"蜗居"，熬过了严冬，就是温暖的春天了。除动物之外，植物界也是一片"万物凋零"的景象，但越冬植物也在暗暗潜藏着活力，为来年的成长准备着。

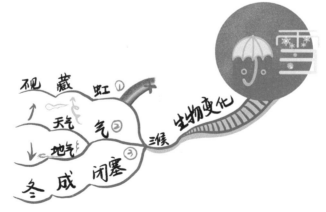

绘制思维导图第三部分

小雪时节的生物变化

小雪时节的习俗

（1）腌菜。俗话说："秋收冬藏。"秋天收获的谷物、蔬菜等农作物，冬天就要进行收藏，以维持生计。对于蔬菜的储藏方法有很多，其中腌菜就是其中一个比较普遍的做法，将蔬菜风干之后，放盐腌制，可以很好地延长蔬菜的存放时间，使人们在农闲时的冬季能够食用到足够的蔬菜。

（2）腌腊肉。在冬季的小雪时节，由于气温下降，气候干燥，这时正是腌制腊肉的好时机。将肉类腌制成腊肠、腊肉，不仅方便储存，还能在寒冷的冬季享受到腊味的浓郁美味。

（3）吃糍粑。糍粑是一种将糯米蒸熟之后，再捣烂成团的食品。在古时，人们在小雪时节做好糍粑，用来祭祀牛神，以感谢它给民间带来丰收。

（4）晒鱼干。小雪时节，在我国东南沿海地区，渔民们开始将捕捞上来的海鱼放在日头下晒，晒成鱼干后储存起来。由于这些地区的气候较为炎热，会出现冬日暖阳的现象，所以是晒鱼干的上佳时候。

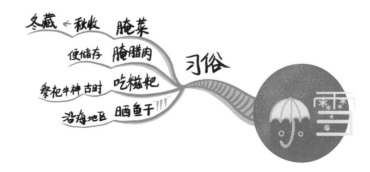

绘制思维导图第四部分

小雪时节的习俗

古诗词中的小雪

《春近四绝句之三》黄庭坚　宋　　唐　戴叔伦　《小雪》

古诗词

小雪（唐·戴叔伦）

花雪①随风不厌看，更多还肯失②林峦③。

愁人④正在书窗下，一片飞来一片寒⑤。

【注释】①花雪：雪花。②失：消失在。③林峦：山林。
④愁人：忧愁的人。⑤寒：寒意。

春近四绝句之三（宋·黄庭坚）

小雪晴沙①不作泥②，疏③帘红日弄④朝晖。

年华已伴⑤梅梢晚，春色先从草际归。

【注释】①沙：这里指的是落在地上的雪像沙子一样。
②泥：像泥一样。③疏：虚掩。④弄：产生。⑤伴：像。

《春近四绝句之三》黄庭坚　宋　唐　戴叔伦　《小雪》

古诗词

传说　青女峰

背景　上古时代　萧瑟凋瘼　困戚

人物　青要山神　武罗　不忍

降霜仙子　敷　菜

经过　降霜雪　洗涤污秽

化石柱　守护人间

习俗

冬藏 ← 秋收　腌菜

便储存　腌腊肉

参祀牛神古时　吃糍粑

沿海地区　晒鱼干

百科

含义　温度 ▽ 寒冷

降雪　少量

序　No.20

定气法　黄经 240°

日期　公历 11月 22 or 23

观　藏　虹①

天气　气②

地气

冬　成　闭塞

三候　生物变化

小雪
——
完整思维导图

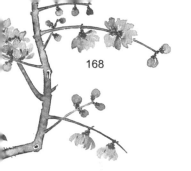

画出属于你的思维导图

每个人心中的思维导图都不一样，小朋友们，发挥你的想象力，画出你心中的思维导图吧！

大雪

寒号鸟的故事

有一种奇怪的动物，名叫寒号鸟，它与一般的鸟长得不一样，其实是一种啮齿类动物。它长着四只脚，靠脚之间宽大的翼蹼滑翔。夏天的时候，寒号鸟有一身漂亮的毛，便自认为是全天下最漂亮的动物，所以一年到头，整天晃悠着自己的毛炫耀。

转眼间，秋天过去了，冬天到来了。随着天气的转凉，鸟儿们纷纷忙着为过冬做准备，南飞的南飞，筑巢的筑巢。而寒号鸟呢？它依然摇晃着一身漂亮的"衣裳"，唱着歌儿到处闲逛。

几只鸟儿好心地提醒寒号鸟："冬天就要到了，你还是赶紧做窝吧，不然，到时候遇到寒冷的天气，就得挨冻了。"

寒号鸟笑着说："现在天气这么好，太阳高高挂在天空，阳光照得我舒服极了，我为什么不好好利用这么美好的时光展现自己，而去辛苦地筑巢，搞得自己满身泥土呢？"

说完，寒号鸟继续摆动着漂亮的毛唱歌，鸟儿们只好无奈地摇摇头。

果然，天气说变就变，冷空气突然降临，北风呼啸，漫天飘起了雪花。鸟儿们白天已经筑好了巢，所以能够舒舒服服地躺在窝里，暖暖和和地度过寒夜。可是没有做窝的寒号鸟就没那么幸运了，它冻得瑟瑟发抖，抖抖索索地说："好冷啊，好冷啊，天亮后就做窝！"

就这样熬过一宿，北风过去了，太阳出来了，大地重新恢复温暖。这时候，寒号鸟又懒洋洋地唱着歌儿晒太阳，压根不提做窝的事。于是，鸟儿们又劝它："现在天气晴朗，你赶紧抓紧时间做窝吧，不然又会像昨晚那样受冻了。"

寒号鸟笑着说："天气这么好，我还是先舒舒服服享受享受，做窝的事嘛……等等再说吧！"

说完，寒号鸟还是一副无动于衷的得意模样，鸟儿们只好叹了口气，不再说什么了。

到了晚上，风雪再次降临，寒号鸟又一次被冻得直哆嗦："好冷啊，好冷啊，天亮后一定做窝！"

可是到了天亮，大地重现温暖，寒号鸟又恢复原先吊儿郎当的模样，对做窝的事置之不理。

时间就这么一天又一天地过去了，天气也越来越冷，寒号鸟还是一天天得过且过。到了大雪时节，北风呼啸，寒号鸟没能混过寒冷的大雪节气，终于冻死在岩石缝里了。

后来，每到大雪时节，人们都会给孩子们讲寒号鸟的故事，让大家都记住寒号鸟的教训。

绘制思维导图第一部分

关于大雪的传说——寒号鸟的故事

大雪，顾名思义，就是指这一时节下的雪非常大的意思，所谓"大雪，大者，盛也，至此而雪盛矣。"

大雪是二十四节气中的第二十一个节气，也是冬季六个节气中的第三个。古人们发现，当北斗星的斗柄指向癸的方向，天上就会降下大雪，所以形象地定此时为大雪。现行的"定气法"以太阳到达黄经255°时为大雪，到了现代，人们则将大雪定为每年公历的12月6日—8日中的一天。

大雪时节的降雪量相比之前的小雪更大也更频繁了，天气也因此更加寒冷。但俗话又说"瑞雪兆丰年"，这是由于大雪所造成的积雪具有保护农作物的作用，还为农作物在春季生长提供了必要的水分。

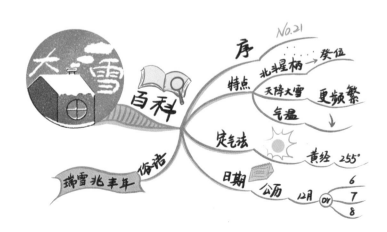

大雪时节的生物变化

在我国古时候，人们按照生物变化的规律，将大雪分为"三候"：

一候鹖鴠不鸣；二候虎始交；三候荔挺出。

在大雪这个寒冷的时节，许多鸟类或者兽类已经不再鸣叫了；所谓盛极而衰，极阴的寒冷天气，反倒会因此引发一些阳气，导致老虎会出现求偶的行为；阳气不仅触发动物的一些行为，植物也同样会感受到，所以一些花草，例如"荔挺"，就会迎着大雪天长出芽来。

所以说，大雪天并不是一个死气沉沉的时节，动植物也会在寒冷的气候下得到生机，由此顺应节气，在冬日里生长起来。

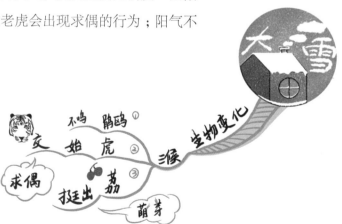

大雪时节的习俗

（1）滑冰。滑冰在古时称为冰嬉，是冬季一个常见的游戏。在北方，由于严寒天气的影响，河流被冻成厚厚的冰原，这时人们穿上滑雪鞋，在冰原上尽情地滑行，这就是滑冰。滑冰有益于身体健康，还能去除身上的寒气，但滑冰前要注意冰原的厚度，避免到冰层较薄的地方滑冰，以免冰层裂开，人跌进寒冷的冰水中。

（2）观赏封河。如果不滑冰，也可以观赏冰河封冻的美丽景观，去领略"千里冰封，万里雪飘"的奇妙景象。

（3）进补。在冬季，由于冷空气的作用，人体内的热量挥发得很快，所以人们时常要及时补充热量。补充热量的办法一般有两个：一个就是多做运动，例如滑雪等；另一个就是吃，也就是进补。大雪是进补的好时节，多吃点有营养的食物，有助于补充热量，提高免疫力，正所谓"冬天进补，开春打虎"。

绘制思维导图第四部分

大雪时节的习俗

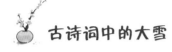

古诗词中的大雪

《白雪歌送武判官归京》 岑参
《江雪》柳宗元 唐

古诗词

大雪

白雪歌送武判官①归京（唐·岑参）

北风卷地白草②折，胡天③八月即飞雪。

忽如一夜春风来，千树万树梨花④开。

散入珠帘⑤湿罗幕⑥，狐裘⑦不暖锦衾⑧薄。

将军角弓⑨不得控⑩，都护⑪铁衣⑫冷难着。

瀚海⑬阑干⑭百丈冰，愁云惨淡⑮万里凝。

中军置酒⑯饮归客，胡琴琵琶与羌笛⑰。

纷纷暮雪下辕门⑱，风掣⑲红旗冻不翻。

轮台⑳东门送君去，去时雪满天山路。

山回路转不见君，雪上空留马行处。

绘制思维导图第五部分

古诗词中的大雪

【注释】①武判官：一位姓武的判官。②白草：发白的牧草。③胡天：塞外胡人聚居地的天空。④梨花：这里指雪像梨花一样。⑤珠帘：珍珠帘子。⑥罗幕：丝绸帐幕。⑦狐裘：狐皮制成的皮衣。⑧锦衾：锦缎制成的被子。⑨角弓：用兽角装饰的硬弓。⑩控：拉开。⑪都护：镇守边疆的地方长官。⑫铁衣：铁片做成的战衣。⑬瀚海：沙漠。⑭阑干：纵横交错。⑮惨淡：昏暗无光。⑯置酒：设酒宴。⑰胡琴琵琶与羌笛：泛指西北少数民族的乐器，这里指在酒宴上弹奏这些乐器。⑱辕门：军营的大门。⑲掣：拉扯。⑳轮台：地名，在今新疆维吾尔自治区。

江雪（唐·柳宗元）

千山鸟飞绝①，万径②人踪③灭④。

孤⑤舟蓑笠⑥翁⑦，独⑧钓寒江雪。

【注释】①绝：绝迹。②径：道路。③踪：行踪。④灭：消失。⑤孤：孤独。⑥蓑笠：穿着蓑衣，戴着斗笠。蓑：古时用蓑草编成的雨衣；笠：古时用竹篾编成的宽沿帽。⑦翁：老人。⑧独：独自。

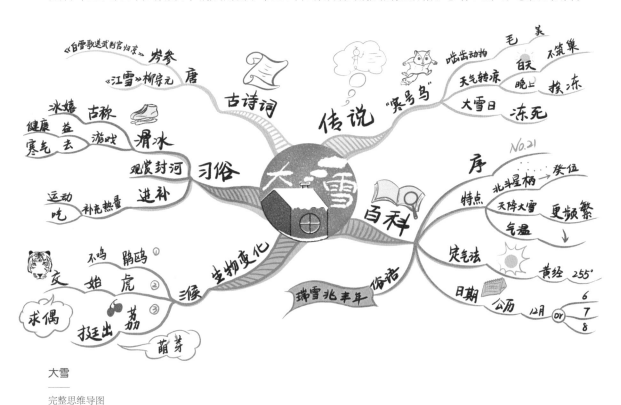

大雪

完整思维导图

画出属于你的思维导图

每个人心中的思维导图都不一样，小朋友们，发挥你的想象力，画出你心中的思维导图吧！

冬至

汤圆的故事

相传古时候，在江苏的兴化有一个叫余莲香的寡妇，她的丈夫很早就去世了，留下一个叫元元的儿子，这些年，全靠她一个人种田织布，独自撑起这个家。此外，余莲香还全力供元元读书，盼望着儿子将来能够出人头地。

看着母亲那么辛苦，懂事的元元倒也争气，年纪轻轻就考中了状元，被朝廷授予官职，并赏赐了大量财物。高兴之下，元元派了一名部下携带赏赐的财物回老家，让这个部下将自己中状元的喜讯报给母亲，并将财物交给她，再告诉母亲，等在京城的府邸修建好后，就接她来京一起住。

过了一段时间，元元在京城的府邸建好了，于是他向皇帝告假，说明自己要接母亲来京的意愿。皇帝细问之下，得知了元元母亲含辛茹苦将儿子拉扯成人的往事，不禁大为感动，立即同意元元回乡，还表示要对余莲香大加赏赐。

元元兴冲冲地回到家，却发现屋内空空如也，母亲早已不知去向。元元不禁心慌起来，赶紧派人四下打探，这才得知事情的原委。

原来，元元刚中状元的时候，派去报喜的部下是个赌徒，一路上他拿着元元带给母亲的财物去各个赌场赌博，结果还没到老家就输了个精光。为了掩饰自己的罪过，这个部下就编了个谎话，对余莲香说元元不知所踪了。余莲香以为儿子遇到了不测，伤心欲绝，跑到深山隐居了。

得知真相后，元元既气愤又心疼，连忙派人上山寻找母亲，可是一连数天，仍旧不见母亲的踪影。眼看着冬天已经到来，天气寒冷，山上缺衣少食的，元元愈加担心起母亲来。

突然，元元想起自己小时候喜欢吃饭团子，母亲就时常用糯米捏成饭团模样给他吃，于是他就买来糯米，亲手捏成当年母亲那样的糯米团子，煮熟后带上山，一路把它们粘在树枝、草根上，一直通向山下的村庄。

不多久，守在山脚下的元元等来了一位衣衫褴褛、面黄肌瘦的老婆婆，仔细一辨认，这不就是自己日思夜想的母亲吗？原来，余莲香在山上看到这些糯米团子，知道儿子回来了，就欣喜地顺着糯米团子指引的路赶下山来。

母子重逢，抱头痛哭，待问清楚事情缘由后，母亲也释然了，破涕为笑。于是，元元就带着母亲去京城，让母亲好好安享晚年。

传说元元母子相逢的日子正值冬至，所以民间就有吃糯米团子的习俗，以表示"团圆"的意思，而这糯米团子也被称作汤圆。

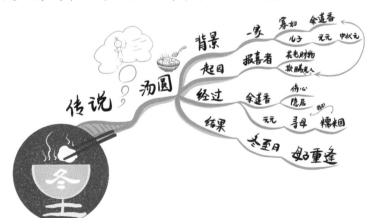

绘制思维导图第一部分

关于冬至的传说——汤圆的故事

节气小百科

　　冬至，又称冬节、亚岁、长至节、小年，不仅是二十四节气中的一个重要节日，还是我国民间的一个热闹的传统节日，甚至有"冬至大于年"的说法。

　　冬至是二十四节气中的第二十二个节气，也是冬季六个节气中的第四个。古时候，人们就发现，当北斗星的斗柄指向子的位置时，白昼的时间最短，黑夜的时间最长，于是定此时为冬至。现行的"定气法"以太阳到达黄经270°时为冬至。到了现代，人们则将冬至定为每年公历的12月21日—23日中的一天。

　　根据古人们的推算，自冬至开始，白昼时间一天一天地加长，阳气回升，所以冬至被视为冬季的盛大节日，许多地方在此时有重大的祭祀、庆祝等活动，以庆祝这个吉祥的日子。

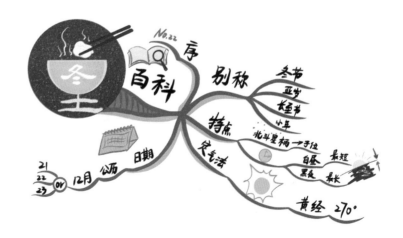

绘制思维导图第二部分

节气小百科

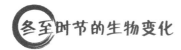

冬至时节的生物变化

在我国古时候，人们按照生物变化的规律，将冬至分为"三候"：

一候蚯蚓结；二候麋角解；
三候水泉动。

冬至时节，由于天气寒冷，躲藏在土壤下面的蚯蚓蜷缩着身子，仿佛打成一个结似的；麋鹿在这时候，因为感受到渐渐滋生的阳气，鹿角开始脱落；阳气还使得山中的泉水变得温热起来。

冬至时节，许多动物都在躲避严寒，它们或者冬眠，或者躲起来取暖，大地显得格外宁静。而在植物界，梅花、松树、竹子组成了"岁寒三友"，迎着风雪傲然屹立，它们的生长特点也因此为许多人所喜爱。

绘制思维导图第三部分

冬至时节的生物变化

冬至时节的习俗

（1）祭天祭祖。许多地方在冬至这一天要举行盛大的祭天祭祖，在这时，人们郑重地将神灵、祖先的牌位或者肖像供奉在家中最庄严的地方，摆好香炉、祭品，然后进行拜祭，以求风调雨顺，家庭幸福。

（2）吃汤圆。汤圆用糯米粉做皮，中间加以糖果、芝麻、花生等做馅，包成圆溜溜的团子，然后下锅煮熟。吃汤圆寓意着"阖家团圆"，带有满满的祝福之意。

（3）吃饺子。传说饺子是"医圣"张仲景发明的一种驱寒保暖的食品，人们在冬至的寒冷天气吃了饺子，就会觉得浑身暖和，而饺子原本就是一种味道鲜美的食品，一直都为人们所喜爱。

（4）提冬数九。提冬数九指的是从冬至的第二天开始数九，数上九天是一九，再数九天是二九，以此类推，数到"九九"就是春暖花开之时。所以人们在冬至这一天，约上九个人，一起聚在酒楼，摆上九盘菜、九只酒杯，然后再一起喝酒。总之一切都尽量要达到"九"这个数，或者与"九"字谐音，例如"酒"，以表示"九九消寒"的意思。

绘制思维导图第四部分

冬至时节的习俗

古诗词中的冬至

小至①（唐·杜甫）

天时人事日相催②，冬至阳生春又来。

刺绣五纹③添弱线④，吹葭六琯动浮灰⑤。

岸容⑥待腊⑦将舒柳，山意冲寒欲放梅。

云物⑧不殊⑨乡国⑩异，教儿且覆掌中杯。

【注释】①小至：冬至的前一日，又称为小冬日。②催：催促。③五纹：五彩的纹路。④添弱线：增加刺绣的一点工作量。⑤吹葭六琯动浮灰：奏管笛时，把放置在管内的芦苇灰给吹飞了出来。⑥岸容：河岸的景象。⑦腊：腊月。⑧云物：景物。⑨殊：区别。⑩乡国：家乡。

邯郸冬至夜思家（唐·白居易）

邯郸驿①里逢②冬至，抱膝③灯前影伴身④。

想得家中夜深坐⑤，还应说着远行人⑥。

【注释】①驿：驿站，古代传递公文、转运公物或因公出差的官吏途中歇息的服务站。②逢：遇上，这里指刚好遇上冬至时节。③抱膝：抱着膝盖坐着。④影伴身：影子与自己相伴，意指

绘制思维导图第五部分

古诗词中的冬至

孤独。⑤夜深坐：坐到夜深，这里指作者家中的亲人在冬至这一天相聚到深更半夜。⑥远行人：离家在外的人，这里特指作者自己。

冬至
———
完整思维导图

画出属于你的思维导图

每个人心中的思维导图都不一样，小朋友们，发挥你的想象力，画出你心中的思维导图吧！

小寒

腊八节的故事

在小寒时节里，有一个比较重要的节日叫"腊八节"，它的由来可是有一个非常生动感人的故事。

传说在几千年前的古印度，有个迦毗罗卫国，国王叫作净饭王，他有个心地善良的儿子叫乔达摩·悉达多。

作为王子，乔达摩·悉达多从小就过上了锦衣玉食的贵族生活，他还娶了一位年轻貌美的妻子，很快就有了自己的孩子，一家人生活得非常幸福美满。于是，乔达摩·悉达多就认为，全天下的人们都是像他这么幸福的。

有一天，乔达摩·悉达多看到天气晴朗，和风送爽，于是一时兴起，驾着车驶出王宫，到郊外游玩。

一路上，乔达摩·悉达多看到许多衣衫褴褛的人在田里辛苦地劳作，又有许多面黄肌瘦的人带着妻儿蹒跚地走在乞讨的路上，还有很多倒毙在路边的饿殍，有的已经露出了白骨。

乔达摩·悉达多震惊了，他万万想不到，天底下还有这么多痛苦的人们，相比自己优越舒适的王家生活，他心里产生了深深的自责，决定要挽救天下受苦受难的人。

回去后，乔达摩·悉达多毅然舍弃了王家生活，出家修道，寻找拯救苍生的办法。

他来到了一座雪山上，在山上苦苦修行了整整六年，却不得要领，反而还把自己折磨得骨瘦如柴。于是，乔达摩·悉达多决定重新寻找另外的修行方法，他跟跟跄跄地下山，途中突然体力不支，一头栽倒在路边。

迷迷糊糊中，一股甘甜的汁水流进了乔达摩·悉达多的喉咙里，他清醒过来，睁眼一瞧，原来是一位牧羊女正在喂他吃乳糜。这种乳糜是由多种谷物放入牛羊的奶中熬煮而成的，甘甜爽口，乔达摩·悉达多很快就恢复了体力。

向牧羊女道谢后，乔达摩·悉达多继续向前走着，最后来到一棵菩提树下安坐，口中一边回味着乳糜的味道，一边安定地闭目思考着。就这样过了七天七夜，当他睁开眼时，恰好看见天空中一颗闪亮的星。

就在这一瞬间，乔达摩·悉达多突然大彻大悟，洞悉了人世间所有的生老病死的奥秘，于是他创立了佛教，并开始传教于世人，他也因此被人们尊称为佛陀。

如今，佛教已经成为世界上的一个重要的宗教，而人们为了纪念佛陀，就把他悟道成佛的这一天换算成中国农历的十二

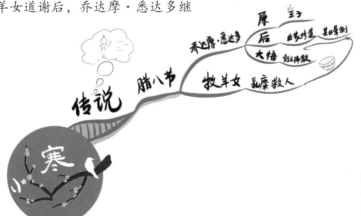

绘制思维导图第一部分

关于小寒的传说——腊八节的故事

月初八日，于是定为腊八节，并在这一天品尝佛陀当年吃的乳糜。乳糜几经发展，也变成了我们所熟悉的腊八粥。

节气小百科

　　小寒时节，已经临近冬天的末尾，但这个时候恰好是全年天气最冷的时期之一。小寒的"小"对应大寒的"大"，意思就是指天气虽然寒冷，但还没达到最寒冷的时候。可是事实上，在许多地方，小寒甚至比接下来的大寒时节还要寒冷，就像俗话所说的"小寒胜大寒"，所以，小寒又被称为"数九寒天"。

　　小寒是二十四节气中的第二十三个节气，也是冬季六个节气中的第五个。现行的"定气法"以太阳到达黄经285°时为小寒。到了现代，人们则将小寒定为每年公历的1月5日—7日中的一天。

绘制思维导图第二部分

节气小百科

188

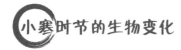

小寒时节的生物变化

在我国古时候，人们按照生物变化的规律，将小寒分为"三候"：

　　一候雁北乡；二候鹊始巢；
三候雉始鸲。

虽然在小寒时节，天气依旧寒冷，但在南方避寒的大雁已经感知到温暖的春天即将到来，开始启程飞回北方；大地阴极而阳，一些鸟儿，例如喜鹊等感觉到阳气回暖，所以开始构筑新巢，为新春时节繁殖后代做好准备；阳气的回升，也使鸟儿们开始鸣叫，似乎是在预示着春天即将到来。

小寒时节，虽然有的动物开始有复苏的迹象，但大多数仍旧沉睡在温暖的地方。而有的动物还会趁冬眠时期，生育出新的幼崽，到了春天，恰好能够带领它们感受春天的生活。在植物界，除了"岁寒三友"等耐寒植物，其他植物仍在耐心等待严冬的结束。

绘制思维导图第三部分

小寒时节的生物变化

小寒时节的习俗

（1）吃黄芽菜。在我国北方一些地方，小寒时节有吃黄芽菜的习俗。黄芽菜就是白菜芽，此时食用非常鲜嫩，在古时可是个应节的好食品。

（2）吃糯米饭。在我国南方，许多地方驱寒则吃糯米饭，糯米饭的糖分高，吃后会感到身子温暖无比，并有补气的效果。

（3）吃腊八粥。腊八粥是由黄米、白米、江米、小米等多种谷物，再加以红枣、桃仁、杏仁、瓜子、花生和水熬煮，味道甘甜爽口，有健脾开胃、补气养血、驱寒送暖的效果。

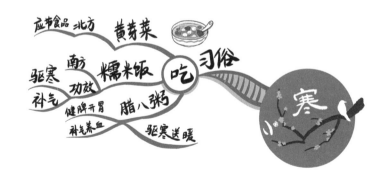

绘制思维导图第四部分

小寒时节的习俗

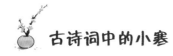 **古诗词中的小寒**

小寒（唐·元稹）

小寒连大吕^①，欢鹊垒新巢。

拾食寻河曲^②，衔紫^③绕树梢。

霜鹰^④近^⑤北首，雊雉^⑥隐丛茅^⑦。

莫怪严凝切，春冬正月交。

【注释】①大吕：我国古代十二律中的一个音律，对应十二月，所以这里特指十二月。②河曲：弯弯曲曲的河流。③紫：树枝。④霜鹰：大雁。⑤近：就要。⑥雊雉：野鸡。⑦丛茅：茅草丛。

【诗意解读】本诗作者用了小寒里鸟类构巢、迁徙、觅食等生活习性，来反映春天即将到来，展示了一个万物即将复苏的世界。

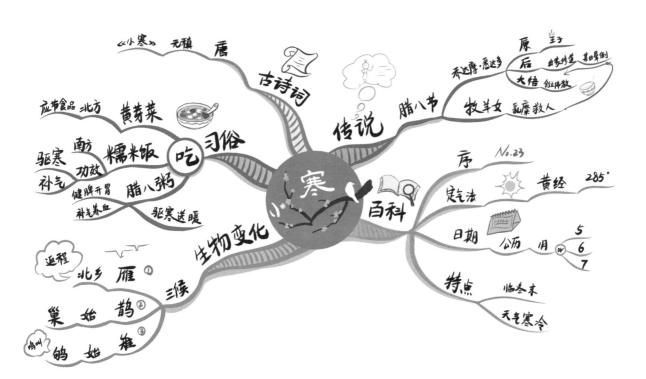

唐 古诗词 《小寒》 元稹

传说 腊八节 乔达摩·悉达多 原 王子 后 出家修道 某日晕倒 大悟 创立佛教 牧羊女 乳糜救人

习俗 吃 应节食品 北方 黄芽菜 驱寒 南方 糯米饭 功效 补气 健脾开胃 腊八粥 补气养血 驱寒送暖

生物变化 三候 北乡 雁 返程 鹊 始 巢 雉 始 鸲

百科 序 No.23 定气法 黄经 285° 日期 公历 月 5 6 7 特点 临冬末 天气寒冷

小寒
——
完整思维导图

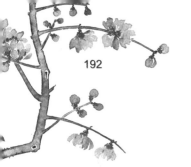

画出属于你的思维导图

每个人心中的思维导图都不一样，小朋友们，发挥你的想象力，画出你心中的思维导图吧！

大寒

"年"的故事

　　新年对于大家来说是一个非常喜庆的节日，可是传说在很久以前，"年"可是一只可怕的怪兽，它头上长着尖尖的角，嘴里长着锋利的牙齿，春节将至时，它就会跑出来，所过之处，不仅牛、羊、猪、鸡、鸭、鹅等家畜家禽都进了它硕大的肚皮，就连人也受到它的伤害。所以，每当春节即将到来之际，人们就会带着牲畜，跑到山里头躲避"年"的侵害。

　　这一年，从山里头来了一位白发苍苍的老爷爷，在村里安家落户，因为老人见多识广，很快就受到村民们的尊敬。

　　到了春节即将到来之际，村民们估摸着"年"就要来了，于是敲响老爷爷的家门，提醒道："老人家，'年'就要来了，您也赶紧上山躲一躲吧！"

　　老人笑着摆摆手说："无妨无妨，我有办法让'年'不敢来作恶。"村民们觉得奇怪，急忙问个究竟，于是老人就教大家在家门口贴上红纸，然后准备几根大竹子，说这样就能赶走"年"。

　　村民们听了半信半疑，但也照着老人的话做了，然后忐忑不安地等待着"年"的到来。

　　到了晚上，"年"果然闯进村子里来了，村民们偷偷地躲在屋子里，透过窗户的缝儿紧张地向外张望。只见"年"看见每家每户门口张贴的红纸，气得大声吼叫起来，但又不敢冲进去，就这样围着村子转悠了一圈。也许是太饿了，"年"壮起胆子想硬闯进屋子，这时候，老人教村民们拿着竹子在地上敲打，只听噼里啪啦一阵响，"年"吓得掉头就跑。

"年"逃走后，村民们欢呼着从家里跑出来，一起庆祝赶走了"年"。

从此以后，每逢春节到来的大寒时节，家家户户都会张贴红纸，用竹子敲打地面，寓意赶走凶恶的"年"。后来，鞭炮代替了竹子，噼里啪啦的鞭炮声迎来的也是新春的喜庆。

绘制思维导图第一部分

关于大寒的传说——"年"的故事

节气小百科

大寒，顾名思义，指的是天气达到了极大的寒冷程度，就是所谓的"寒气之极"的意思。

大寒是二十四节气中的最后一个节气，也是冬季六个节气中的最后一个。现行的"定气法"以太阳到达黄经300°时为大寒。到了现代，人们则将大寒定为每年公历的1月20日或21日中的一天。

大寒时节就到了农历的新春时节，这时候，人们开始忙着辞旧迎新，所以，虽然此时是一年中最寒冷的时节，但也洋溢着浓浓的喜庆气氛。

绘制思维导图第二部分

大寒时节的生物变化

在我国古时候，人们按照生物变化的规律，将大寒分为"三候"：

一候鸡乳；二候征鸟厉疾；三候水泽腹坚。

大寒时节，母鸡开始孵小鸡，为即将到来的春天带来生机；严寒的天气，猛禽们为了补充身体能量，在天空盘旋，随时瞄准地上的猎物，猛扑下去；此时，河、湖的水面上结起了厚厚的坚冰。

大寒是冬季最后一个时节，许多动植物已经开始萌动起来，忙着繁殖后代，准备迎接新春季节的新生活。

绘制思维导图第三部分

大寒时节的生物变化

大寒时节的习俗

（1）迎灶神。传说在大年三十的晚上，灶神会降临人间过年，这时人们就会摆上供品，祭祀灶神，以祈求灶神在新的一年给全家带来幸福。

（2）大寒"踩岁"。在除夕夜，人们会将芝麻秸秆撒在路上，随意踩碎，谐音意为"踩岁"，以祈求"岁岁平安"的意思。

（3）除尘。"除尘"又称"除陈""打尘"，就是大扫除的意思，每到年底，家家户户都会借此清理门户，意为把不好的东西清除掉，过一个吉祥年。

（4）尾牙祭。所谓的"尾牙"，源自拜土地时做"牙"的习俗，意为二月二为头牙，以后每逢初二和十六都要做"牙"，到了农历十二月十六日正好是尾牙。在这一天，许多地方都会举行尾牙祭，摆上供品隆重地庆祝一番，然后开开心心地吃上一顿饭，庆祝新春的即将到来。

绘制思维导图第四部分

大寒时节的习俗

古诗词中的大寒

《村居苦寒》白居易 唐

《大寒吟》邵雍 宋

古诗词

大寒

村居苦寒（唐·白居易）

八年十二月，五日雪纷纷。竹柏皆冻死，况彼无衣民。

回观①村闾②间，十室八九贫。北风利如剑，布絮不蔽身。

唯烧蒿棘③火，愁坐夜待晨。乃知大寒岁，农者尤苦辛④。

顾⑤我当此日，草堂⑥深掩门。褐裘⑦覆绀被⑧，坐卧有余温。

幸免饥冻苦，又无垄亩勤⑨。念彼深可愧，自问是何人。

【注释】①回观：看遍。②村闾：村落。③蒿棘：柴草。④苦辛：辛苦。⑤顾：可是。⑥草堂：用茅草盖的房子，一般用作谦虚用语，意指自己的住处。⑦褐裘：皮衣。⑧绀被：棉被。⑨垄亩勤：种田所具备的勤劳。

大寒吟（宋·邵雍）

旧雪未及消，新雪又拥①户。

阶前冻银床②，檐头③冰钟乳。

清日④无光辉，烈风正号怒。

人口各有舌，言语不能吐⑤。

【注释】①拥：拥堵。②银床：像银色的床铺一样。③檐头：屋檐前头。④清日：清冷的冬日。⑤吐：吐字说话。

绘制思维导图第五部分

古诗词中的大寒

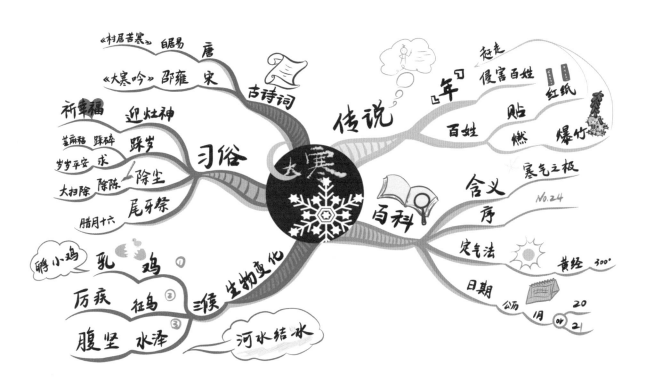

大寒

完整思维导图

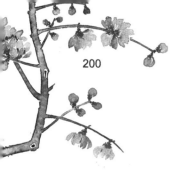

画出属于你的思维导图

　　每个人心中的思维导图都不一样，小朋友们，发挥你的想象力，画出你心中的思维导图吧！

作者简介

文字作者：李超

先后在广州市社会科学院、广东省教师继续教育学会担任编辑、记者、讲师等职务。著有《全能团队》《历史的印痕》《神奇的自然》等图书。

思维导图作者：袁浩

英国博赞思维导图认证 TBLI 讲师，师从思维导图发明人 Tony Buzan 教授和世界思维导图锦标赛首位中国冠军刘艳老师。

第九届世界思维导图锦标赛官方认证选手训练讲师、北京赛区副裁判长；世界思维导图理事会编委会成员；中国最大手绘思维导图指导老师；得到 APP 每天听本书脑图作者。